心理学宇宙系列

完美主义星人自救指南

享受不完美的人生

赵宇乐 著

中国法制出版社
CHINA LEGAL PUBLISHING HOUSE

图书在版编目 (CIP) 数据

完美主义星人自救指南：享受不完美的人生 / 赵宇乐著 . —北京：中国法制出版社，2020.12

ISBN 978-7-5216-1403-9

Ⅰ . ①完…　Ⅱ . ①赵…　Ⅲ . ①人生哲学—通俗读物
Ⅳ . ① B821-49

中国版本图书馆 CIP 数据核字（2020）第 209499 号

策划编辑：孙璐璐（cindysun321@126.com）

责任编辑：周熔希　　封面设计：汪要军

完美主义星人自救指南：享受不完美的人生

WANMEI ZHUYIXING REN ZIJIU ZHINAN：XIANGSHOU BU WANMEI DE RENSHENG

著者 / 赵宇乐

经销 / 新华书店

印刷 / 三河市国英印务有限公司

开本 / 880 毫米 ×1230 毫米　32 开　　印张 / 8　字数 / 163 千

版次 / 2020 年 12 月第 1 版　　2020 年 12 月第 1 次印刷

中国法制出版社出版

书号 ISBN 978-7-5216-1403-9　　定价：39.80 元

值班电话：010-66026508

北京西单横二条 2 号　邮政编码 100031　　传真：010-66031119

网址：http://www.zgfzs.com　　**编辑部电话：010-66054911**

市场营销部电话：010-66033393　　**邮购部电话：010-66033288**

（如有印装质量问题，请与本社印务部联系调换。电话：010-66032926）

前言
Preface

不知从何时起，完美主义成了一种“时髦”，但完美主义其实并不“完美”。过高的标准和消极的自我评价是完美主义的人格特质。心理学家经过研究发现，完美主义已成为绝大多数人不幸福的原因之一。

消极完美主义甚至会因为严重的“不完美焦虑”引发各种心理问题和心理障碍。对这类完美主义者而言，如果没有达到标准，做得再好也是失败，往往伴随着严格的自我检讨和批评，从而导致烦恼、焦虑、抑郁等心理困扰。

完美主义主要有两种表现，一种是内向型的表现，主要表现为对自己抱有过高的期待，纠结于自身的不完美，认为自己存在很多缺陷；另一种是外向型的，主要表现为对他人抱有过高的期待，对别人做不到完美而感到沮丧。这两种表现在完美主义者身上不是完全独立的存在，很多人有两种表现。

完美主义者很有可能深陷于完美主义带来的各种痛苦之中，但完美主义并不是不能修正的。本书介绍了完美主义的类型，探讨了导致完美主义产生的原因，而且在克服完美主义方面提供了参考性的建议。

本书从心理学的角度出发，提供了一些可以改变完美主义思维或行动的方法和建议。这些方法和建议可以帮助完美主义者摒弃“非黑即白”的极端思维，用“最优”取代“完美”，让完美主义者认识到对完美主义让步，找到看似不完美的中间地带才是正确的生活态度。

本书的目的是帮助读者了解什么是完美主义，并为那些深陷痛苦之中的完美主义者提供方法和建议。书中提供的建议包括改变消极完美主义的思维模式、克服自我批评、悦纳自己、提升自我价值等。这些建议并不是要求完美主义者彻底放弃对完美的追求，而是调整完美的标准，让完美主义者拥有正确的自我认知，可以接纳不完美的自己。

本书可以帮助完美主义者减轻痛苦，更科学地实现自己的目标。书中有一些心理小测试，可以帮助我们了解自己的完美主义倾向，但需要注意的是，这些小测试只是为我们认识自己提供一个角度，仅供参考。

最后，要对周晴老师表示感谢，是在她的一并努力下才使本书得以尽快写作完成，另外，于富荣、于福莲、曹烈英也对本书的写作提供过帮助，在此一并表示感谢。

目录

Contents

第一章　认清真相：完美主义，其实并不完美

第二章　停止苛求，跳出完美主义的“健康陷阱”

第三章　探究心理根源，看透完美主义的迷障

第一章

认清真相：完美主义，其实并不完美

完美主义：潜意识的驱动力量

在生活中，有不少人称自己为完美主义者，并因此沾沾自喜。“完美主义”一词听起来“高大上”，仿佛一个人被称为完美主义者就具有了完美的属性。但事实并非如此，完美主义带给我们的并非全是益处。正如美国心理学家戴维·伯恩斯所言：“想要伸手摘星，完美主义者或许最终只能两手空空。”

那么究竟什么是完美主义呢？

完美主义简单来说就是对完美的过度追求。一方面完美主义的倾向在很多时候是有益的，因为追求完美是人们努力完成目标的一种动力。但另一方面，绝对的完美在现实中又是不存在的，如果固执地追求完美，无法接受现实中的错误和瑕疵，坚持制造完美的假象，就会回避错误，甚至全盘否定一切。

有研究者将完美主义划分为适应性与非适应性两种类型。那些在自己的领域取得成功的企业家、运动员、研究人员等都属于适应性完美主义，因为他们虽然有完美主义的倾向，但只是把这种倾向作为追求卓越的动力，他们并不会被完美主义倾向所控制。

而非适应性完美主义，也可以称为适应不良的完美主义者，这些人对完美的追求反而会阻碍他们的成功。因为非适应性完美主义的人对自己、他人以及外界的一切发展都要求过高，而一旦不符合自己所想的，就容易走向极端，甚至自暴自弃。

完美主义也许会给我们带来成功，但是如果把握不好度，我们就会陷入长期的痛苦之中，甚至会因失败而产生自我否定。作为一名完美主义者，陆谦就深陷这种痛苦之中。

陆谦是典型的完美主义者，他从小就对自己要求严格，比如作业写得不够工整，他就宁愿擦掉重写。他的完美主义大概来自父母对他的严苛教育。他的父母一直秉持着“严师出高徒”的教育理念，坚信严格的要求会让孩子的行为更规范，也能提高孩子对自己的要求。所以，陆谦小时候就不敢犯错，因为稍微有点松懈，父母就会对他严加责备、耳提面命。这样的童年经历让陆谦养成了小心翼翼的性格，导致他成年后非常惧怕失败，因此本能地想要追求完美。

工作后，陆谦的完美主义在同事眼里就有点吹毛求疵了，比如他开会时如果被别人插话打断，他的注意力就会被破坏，只能重新整理思路。如果他制订了工作计划，同事不能及时配合，他就会非常焦虑，只能重新再做一个他觉得完美的方案。很多同事都不愿意跟陆谦同组，就是因为觉得压力太大。

陆谦与人交往时也追求完美主义。在恋情中遇到问题就觉得不适合做恋人，不想通过改变、磨合来解决问题，而是直接结束他认为不完美的关系。

陆谦的完美主义已经给他的生活和工作带来了很大的困扰，但是他一直不知道自己该如何改变，是否应该改变。

像陆谦这样的完美主义者最大问题就是过于追求完美，他们的出发点是想把事情做得更好，但因为现实与理想之间的差距而产生巨大的心理落差。想要打破完美主义的桎梏就要承认真正的完美是不存在的，生活中既不存在完美的人，也不存在完美的计划，只有不完美才是生活的常态。

“完美”只存在于我们的想象中，因为世间万物都在永恒的变化中。那么如何消除完美主义的负面影响呢？我们可以尝试从以下几方面做出改变：

1.接受不完美的存在

这个世界上不存在完美的东西，每个人都有自己的缺点，每件事都有失败的可能。你需要做的就是在努力时做到最好，在无能为力时接受现实，不要浪费时间做超出自己能力范围的事，也不要过度纠结注定会出现的失败。

2.不做他人眼中的完美

我们可以努力让自己更优秀，但不应苛求自己把所有事做到完美。努力变得优秀才是健康的心态，而过分关注他人的评价，导致自己害怕不完美，就是有自毁性的完美主义。所以，尽自己所能做到最好就是优秀，不要因为他人眼中的完美而苛求自己。

3. 接受不完美的自己

每个人都有不同的专长，也许你没有别人的优点，同理别人也未必有你的优点，所以要接受不完美的自己。你在面对缺点时会有的担心，别人也有。

4. 摒弃非黑即白的观念

现实中所有的事都不是非黑即白的，我们追求的完美实质上只是无限趋近的完美，是现实世界里的最优目标。我们只有在追求的过程中不断提升自己，才有可能真正靠近最初想要的那种完美。

适应性完美主义：给自己更大的自我调整空间

适应性完美主义反映的是个体对高标准和成就的主动追求，但追求完美只是适应性完美主义者的一种倾向，他们对完美的追求是适度的，而且可以容忍在达到标准中的失败，并不会因此产生对自尊的伤害。

追求完美是每个人都有的倾向，希望每件事都有完美的结果是驱动我们追求成功的巨大动力。对适应性完美主义者而言，“完美”实际上只是一种夸大的表述，更准确地说，人们并不是在追求极致的完美，而是期望能达到“最优”结果，而“最优”并不是真正意义上的完美，而是一个较高的标准而已。

这个较高的标准是适应性完美主义者心中的预期效果，这个标准不需要达到100分，即使只有90分他们也会感到满意。所以，与其说完美主义者是追求完美，不如说他们是追求最优结果。

做一个适应性完美主义者，并不意味着在方方面面都有严苛的标准。他们有可能只是在生活的某些方面要求完美，而在其他方面不是。欣然就是这样一位适应性完美主义者。

欣然在同事眼中一直是一个完美主义者，但欣然自己却不这样认为。欣然觉得自己只是在工作上要求比较高，在生活中还是比较随意的。

同事们之所以觉得欣然是完美主义者，是因为她确实是一个工作狂，这跟她的性格有关。欣然从小就比较理性、强势，学习上一直名列前茅，工作后也是老板眼中的优秀员工。她之所以那么努力地工作，是因为母亲的经历让她明白只有经济独立才能成为生活的强者。

欣然的母亲生下她后便做了一名全职妈妈，虽然父亲平时在这方面没说什么，但两人一旦争吵，父亲就会嘲讽母亲没有收入。这给欣然带来很大的冲击，从小她就觉得女性只有自己强大才会被尊重。

工作后，欣然也秉持着变强的想法，不停地向有经验的同事学习，有时还会主动加班，就是为了提升自己。欣然的努力没有白费，工作没多久，她就可以独立负责一个项目了。欣然的强势让同事们觉得她是一个完美主义者，因为如果有下属没有按流程做事，欣然就会强制他们加班修正过来。

但欣然知道自己的强势和完美主义只表现在工作上，比如项目进度延迟，她就会很焦虑，但是如果上班时她穿了件被人嘲笑的衣服，她就毫不在乎。欣然想，自己这样也不算完美主义者吧？

适应性完美主义不算缺点，因为目标足够实际，就会变成一种正向的激励。就像欣然一样，有了明确的目标并愿意为之努力，很快她就实现了自己的“最优”结果。

追求最优结果的人采取的行动都是指向成功的，他们会从成功中获得满足感，但不会因为失败有太大的挫败感，而使自己陷入追求极致完美的误区。所以，适应性完美主义是更理性也更容易获得成功的一种倾向。

那么，如何成为一个适应性完美主义者呢？

1.解决问题

非适应性完美主义追求的是完美结果，而适应性完美主义更关注解决问题。解决问题比追求完美结果更重要，所以当你的完美心理已经阻碍了事情的进展，那么先要选择解决问题，避免不确定性导致的拖延。

2. 设定合理目标

合理明确的目标不仅能指向成功，还能掌控进度，让你清楚地知道目标可以完成，而且进程顺利。除了合理的目标，还应该设定合理的期限，比如长期项目，要设定最后期限，监督自己的进程，避免把时间浪费在琐事上。

3. 重要的是开始

即使不确定能否做好一件事，也应该尝试开始。只有开始着手去做某件事，才能够知道自己的问题出在哪里，并由此总结出一些经验，学会避免发生同样的错误。当你着手去做的时候可能会发现情况比预料中的好，实际的障碍也比想象中的小得多。

非适应性完美主义：理性到非理性的跳跃

非适应性完美主义与其说是对完美的渴望和追求，不如说是对规避错误的不合理追求。对非适应性完美主义的人来说，完美就等于不犯错，他们不能容忍一点瑕疵和失误，凡事都只能按照他们心目中的完美标准执行，抱有这种想法的人就是生活中我们常见的适应不良的完美主义。

心理学家布琳·布朗这样理解非适应性完美主义："它其实并不是对于完美的合理追求，它更多的像是一种思维方式：如果我有个完美的外表，工作不出任何差池，生活完美无瑕，那么我就能够避免所有的羞愧感、指责和来自他人的指指点点。"

具有非适应性完美主义心理的人对自己和他人，甚至对外界一切事物都有苛刻的完美标准，这往往导致他们对很多事都不满意，觉得一切都不够完美，一点儿小错误都有可能让他们抓狂。对极端完美的追逐让他们意识不到世上本来就没有十全十美的东西，只凭与生俱来的冲动，将所有的精力投入追求完美之中。他们会致力于改善一切不完美的东西，一厢情愿地想要使其完美，并乐此不疲。

但是，在现实生活中，处处都有不完美的存在，这常常会打击那些非适应性完美主义的人。也许一开始他们都有一股不达完美誓不罢休的劲头，但随着不完美的持续出现，他们追求完美的干劲就不免在挫折中一点点衰减，他们会发现自己根本无法达到理想中的完美标准，最终不得不半途而废，从而陷入深深的矛盾之中。

非适应性完美主义一般有以下几个特征：

1.追求绝对的高标准

非适应性完美主义不论是对自己还是对他人都竭力追求绝对的高标准，即使这些高标准在现有条件下是不切实际的。

2. 完美程度决定自我价值

非适应性完美主义对自我价值的判断建立在完美的程度上，也就是说他们的自我价值很大程度上取决于自己实现完美的能力。

3. 不懂适可而止

非适应性完美主义的终极目标是追求完美，即使他们设立的高标准会让他们付出巨大的代价，他们也不懂适可而止，还是会一意孤行地追求这些目标。

不能接受一点儿不完美是非适应性完美主义烦恼的根源，凌非就是一个典型的非适应性完美主义者。

凌非是一个事事都追求完美的人，这原本算是一个积极向上的好习惯，但是他在追求完美的过程中变得越来越极端，对非完美的零容忍也让他陷入焦虑之中。

读书时，凌非就表现出非适应性完美主义的倾向，他的作业永远干净整洁，如果出现涂抹或字迹不工整，凌非就忍不住重写一次。这个习惯不仅浪费了很多时间，也让他变得有些偏执。

工作后，凌非对完美的追求变得更加极端。虽然追求完美确实提高了凌非对自己的要求，也提高了他的工作质量，让他一度在工作中取得了不小的成绩，但是对错误的零容忍却成了他工作中的绊脚石，让他变得有些患得患失、瞻前顾后。

凌非总是希望能做一个完美无瑕的工作计划，如果某一个环节出现了错误，或者因为别人的配合不及时所以导致工作进度停滞不前，他就会耿耿于怀，全盘否定自己之前的努力，认为肯定是自己做的计划出了什么问题。

有一次，凌非让下属做一张设计图，但是设计出的效果怎么都达不到他的理想中的配色方案，于是负责设计的下属只能按照他的要求一遍一遍地修改。到后来，凌非甚至全盘否定了自己原先的方案，陷入不停设计新方案的死循环中。

凌非就是这样每天带着满满的期待开始，又常常因为一点儿小错误而带着深深的悔恨入眠。他被困于自己所犯的每一个错误中，因此停滞不前。

非适应性完美主义对完美的极端追求虽然会给生活带来深远的负面影响，但因为顶着完美主义的“高帽子”而常常被人们忽视。就像凌非一样，他已经因为非适应性完美主义深陷烦恼之中，却没有意识到自己的问题所在。

当你像凌非一样总是不由自主地纠结那些自己在生活、工作中犯的错误时，说明你对完美的追求已经严重影响了正常的生活和工作，这时就需要试着做出一些改变了。

1. 纠正错误的信念

想要改变非适应性完美主义的心理首先要意识到绝对的完美是

不存在的，错误和瑕疵是必然存在的。所以，要学会接受失误，建立现实思维，不要执着于现实中的那一点儿不完美，要知道完美本身就是相对的，不完美才是生活的常态。此外，还要学会设定符合实际情况的目标和计划，并在执行计划的过程中学会适当调整自己的心态和行为。

2. 学会接受批判

每个人都不可避免地会犯错误，因此不要苛求每个人都给你完美的评价。而犯错误并不可怕，因为错误是前车之鉴，我们只有在犯错后接受多方面的意见，才能提高自己的能力。我们应该做的不是追求极端的完美，而是获得认可。获得认可才能让我们走向成功，而不是不可能完成的“完美评价”。

3. 不怕暴露错误

暴露和接受自己的错误是一个痛苦的过程，对非适应性完美主义者而言，错误是自己最害怕面对也最让自己焦虑的事。但是当你已经陷入非适应性完美主义时，只有接受自己的错误才能让你的生活重新步入正轨。所以当你出现失误时，试着让自己接受这个错误的存在，并尽自己所能补救它，不要让这个错误影响之后的过程。

自我导向型完美主义：为自己设立苛刻的标准

早期的研究者大多把完美主义看作单维的人格特征，而到了近期，研究者们开始对完美主义持多维观，认为完美主义是一个有多维度的复杂结构。越来越多的研究者将完美主义视为由不同的类型组成的综合体，例如加拿大心理学家保罗·休伊特和戈登·弗雷特定义了完美主义的三种主要类型：自我导向型完美主义、他人导向型完美主义、社会期许型完美主义。

自我导向型完美主义是一种对自己有严苛要求的完美主义。这种类型的完美主义者通常对自己有不切实际的、超过自身能力的高标准要求。这些标准都是他们自己强加的，一旦他们不达标就会迫不及待地进行自我批评。因为无法接受自己的错误和失败，自我导向型完美主义者在持续的挫折中，还很有可能患上抑郁症。

如果一个人深陷于自我导向型完美主义之中，就很有可能把自己捆绑在一个远超自己能力范围的高标准上。当事情出错时，即使是自己无法控制的事情，这类人也会把失败的责任归到自己身上。究其原因，主要是现实自我和理想自我之间的巨大落差会造成强烈的自我否定，给人一种抑郁的感觉。

路远就是一个典型的自我导向型完美主义者，这让他很成功，也让他很痛苦。

路远在别人眼里是一位标准的成功人士，他不仅事业有成、家庭美满，而且情商很高，朋友也是遍天下。因为他对每件事都力求完美，所以他工作很出色，现在已经担任公司的高层管理。虽然在外人看来路远已经非常成功，但是路远却没有感受到成功的喜悦，反而越来越焦虑。因为他越成功，对自己的要求就越高，现在甚至发展为极端的表现，比如他非常注重自己的仪表，即使鞋子上有一点儿污渍，他也无法出门；他非常看重自己的社交表现，与别人谈业务后总是一遍一遍地回顾自己的表现，如果有一点儿不满意就立刻想要改正，以期达到自己心中“完美”的样子；他对自己的身材也不满意，甚至一度因为节食影响了健康。

总之，路远就是感觉自己不够好，常常因为一点儿过失就对自己失去了信心。路远的这种心理很有可能跟他的成长环境有关，他在幼年时父母就习惯把他和别人做比较，来自父母的评价促使他“自恋”的形成，同时也带来被评价、被比较的焦虑。

“不够好”就意味着不完美，意味着有可能不被喜欢。所以不论有多成功，路远都不能充分地肯定自我，他觉得自己只有达到极其严苛的标准才算成功。这使得他内心充满了矛盾，一方面他渴望被肯定，另一方面他也渴望自由地生活，在这样的冲突中，路远变得越来越焦虑。

随着社交媒体的发展，人们更容易向外界展示自己，这也使得完美主义在现代社会中变得越来越普遍。为了获得社会和他人认可，人们更倾向于展示自己美好的、被他人赞许的一面，所以年轻人对自己和他人都有很高的要求。

自我导向型完美主义的高要求、高标准，会影响一个人的行为，也会促使一个人变成更好的自己。但是对自己不切实际的过高标准也更容易被现实打败，导致自我否定，产生自己无能、没有价值、不值得被爱的心理。那么，该如何克服这些负面心理呢？可以从以下几点做起，打破不合理的完美主义价值观。

1.认识成长过程

自我导向型完美主义者通常比较看重自己的能力，认为如果自己足够聪明、有才干就不会在各种挑战中失败。在他们眼中，只有成功才能证明自己的能力，证明自己是聪明的、有天赋的，所以他们不能容忍自己的错误和瑕疵，因此会对自己提出一系列高标准和高要求。

要规避自我导向型完美主义带来的风险就要打破这种思维。我们要认识到一个人的成长不是一蹴而就的，个人的能力也是逐步提高的。我们可以通过努力工作和不断学习，慢慢积累经验和知识，从而变得更加聪明、优秀。

所以，一个人的成长不仅仅是追求成功，而且应该在一系列的挑战中改变和提升自己。即便我们在挑战中遭遇失败，也不应该全盘否定自己，因为失败会让我们加倍努力，而不是放弃自己。在成长中我们应该重点关注的是自己学到了什么，什么是自己的兴趣和热爱，改变与提升才是成长的核心。

2.克制负面情绪

众所周知，失败会给人带来挫败感，而自我导向型完美主义者更容易把这种挫败感放大，在面临失败时选择退缩、逃避甚至放弃。但是失败并不能决定一个人的好坏，相反地，失败可以说是生活中的常态，是每个人成功的必由之路。

所以，要学会克制自己的负面情绪，不要过分夸大失败的可怕后果，一旦察觉到这种负面情绪，就应该警惕，告诉自己这是完美主义在作怪，然后不断反复练习，改变自己的思维。

3.做出新的尝试

尝试新事物自然会碰到各种困难，因为越是新鲜的挑战面临的波折就越多。但是，我们可以从错误中学习，还可以锻炼自己抗打击的能力，在新尝试中慢慢改变和提高自己。

他人导向型完美主义：严格评价他人的行为表现

如果说自我导向型完美主义是对自我的要求严苛，那么他人导向型完美主义就是针对他人的完美主义。在他人导向型完美主义者看来，身边的人是否完美，也是他判断自己是否完美的一个重要标准。因此，他们会把不切实际的高标准强加在别人身上，比如家人、朋友、同事等，如果对方没有达到自己的要求，他们就会毫不客气地评头论足，甚至对别人进行严厉的批评。

因为他人导向型完美主义的要求是针对他人的，所以很容易导致自己对他人缺乏信任或怀有敌意。这样的人一般控制欲比较强，可能比较适合做管理者，但也有可能因为自己的控制欲而遭遇交际危机。

作为一名部门主管，任飞的他人导向型完美主义倾向给他带来了不少麻烦。

任飞是一家企业的部门主管，他不仅工作能力出色，而且多才多艺，不仅弹得一手好吉他，歌唱得也不错。读书时，任飞就是校园里的风云人物，他不仅成绩优异，而且经常在各种文艺活动和联欢晚会上表演。毕业多年后，提起任飞的大名，很多同学都还印象深刻。

因为自己比较优秀，任飞不自觉地对别人的要求也比较高，尤其是对自己的下属，他的要求几乎到了严苛的程度。他不能容忍下属的一点儿小错误，当员工犯错时，他就觉得是自己的管理出了问题。所以，在下属眼中，任飞是一个非常严厉的上司，说话总是咄咄逼人，即使在公开场合他也不在意别人的感受，经常训斥下属。

此外，任飞在工作上的要求更加严苛，对下属的工作质量要求非常高，特别是对工作计划、时间安排等方面把控得非常严格。而且任飞是一个细节控，比如一个项目方案即使只是格式上达不到他心目中的完美标准，他都会要求下属一遍一遍地修改。

有一次，任飞部门的一个员工因为跟客户沟通不当而遭到他的严厉批评，从那时起他就对这名员工失去了信任，时常以怀疑和挑剔的眼光看待这名员工所做的每一件事。这给员工带来极大的心理压力，尽管这名员工之后没有犯过错误，工作上表现得很出色，但因为巨大的心理压力，没过多久就辞职了。这件事让任飞有很大的触动，他觉得自己那么严厉都是为了员工好，不知道为什么得不到理解。

任飞这种对他人的过高标准很大程度上跟自己从小受到的严苛教育有关。任飞的父母有典型的望子成龙的心理，对任飞一直比较严厉，希望他能够成为自己心中“理想化”的孩子。所以，任飞从小就没怎么得到来自父母的肯定。每次他得第一名，父母都会轻飘飘地说一句：“得第一名不是应该的吗？”而当他成绩退步时，就不免会遭受父母严厉的责备。

这样的完美主义在代际间传承，过于严苛的家庭教育造成了任飞现在的性格，让他忍不住用高标准来要求别人，不自觉地成为他人导向型完美主义者。长此以往，任飞对别人产生了严重的信任危机。

尽管追求完美是人类的天性，我们可以鼓励身边的人追求完美，但是不能强迫别人在自己设定的框架中变得完美。

从心理健康的角度出发，无论是对自己还是对他人都不能陷入追求极端完美的怪圈中。如果对他人导向型完美主义不加控制，就会使其演变成对他人的敌意，成为束缚自己和别人的枷锁，甚至导致某些心理疾病。

那么该如何克服这种心理呢？我们可以从以下几点做起，提醒自己不要成为完美主义的傀儡。

1.换位思考

人与人之间交往最重要的是互相理解、互相信任，要设身处地地为别人着想，理解别人的处境和困难，这样才能对别人提出比较合理的要求。只有多站在别人的角度上思考，才能获得融洽的人际关系，减少信任危机，同时减少自己对他人不合理的期望。

2.适度受挫

不论是对自己还是对他人，我们提出的要求都要符合实际。既然我们不是“世界的中心”，就可以理解别人也不是无所不能的。我们要学会接受生活中的挫折，因为适度受挫可以帮助我们区分想象和现实，理解自己和他人都是有局限性的。这是一个“去理想化”的过程，接受这个过程，意味着我们可以接受一定的缺陷和失误，接受世事不完美的现实。

3.接受请教

每个人的能力都是有限的，都有自己不擅长的领域，所以当别人无法完成自己的任务而向你请教时，请克服自己的完美主义心理，伸出自己的援手，帮助别人渡过难关。这样做可以促使我们进一步理解他人，弱化完美主义的负面影响。

社会期许型完美主义：完美的标准来自外界

社会期许型完美主义看重的是社会期许，他们对自己的高要求多来自社会的压力，尤其是身边重要的人对自己的完美期望。他们对完美的追求也是为了满足别人的期待。因此，社会期许型完美主义者往往会形成讨好型人格，因为他们的价值来自别人的肯定，所以想要取悦他人。

社会期许型完美主义可以说是自我导向型和他人导向型的混合体，因为它是由自我的完美以及别人眼中的完美共同驱动产生的。所以，社会期许型完美主义往往会给人带来双重压力，既怕完成不了自己的高要求，也怕无法满足社会的期待。而社会期许型完美主义者的自我价值往往取决于别人的评价，所以更接近于他人导向型完美主义，同样会因为不能恰当地与他人相处而导致个体的人际关系破裂。

社会期许型完美主义在三种完美主义中所占的比例应该是最高的。英国的巴斯大学和约克圣约翰大学的教授研究了超过4.1万个美国、英国、加拿大的学生样本。他们调研分析后发现，从1989年到2016年，三种类型的完美主义者的数量都有所上升，其中社会期许型完美主义者的增幅最大。

徐媛就是一个典型的社会期许型完美主义者。

徐媛一直自诩完美主义者，她不仅事事追求完美，而且非常在意别人的看法，每件事都想做到让别人满意为止。她在一家广告公司做设计，虽然她的设计水平很高，但是因为太在意主管的看法，每次做完设计稿她都要修改好几遍才敢提交给主管审核。出于这个原因她的工作效率一直不高，入职几年也没得到升职的机会。

徐媛跟朋友相处时也是一个追求完美的人，每次组织什么集体活动，她都力求让所有的朋友满意。有一次她过生日，想请好朋友一起庆祝，但是因为当天有几个朋友加班，聚餐的时间改了几次都不合适，她怕没法过来的朋友有意见，最后就不了了之了。因为太在意别人的看法，徐媛委屈自己的事情还有很多。最好的朋友曾问过她，完美主义者做好自己应做的就可以了，为什么会那么在意别人的看法？

徐媛也知道自己的问题，但是她从小就是在父母的期许中长大的，所以长大后特别在乎别人的评价。她上学时，如果没有取得父母满意的成绩，就会非常自责，觉得自己辜负了父母的期望。久而久之，她就形成了一个观念，父母的爱不是无条件的，只有满足了父母的期望，她才可能获得肯定或者奖励。

长此以往，徐媛变得非常在意别人的看法，并因此衍生出焦虑、自卑的心理，她也在不知不觉中将完美主义变成自己的心理防御机制。

徐媛的社会期许型完美主义，追根究底是家庭教育中父母的完美主义倾向导致的。但是，无论是“完美的父母”还是“完美的孩子”都不存在。因为，金无足赤，人无完人，只有容忍错误，一个人才能发现自己的不足，才能宽容地接受自己的不足。

所以父母不需要做到完美，只要足够好就可以了。英国心理学家唐纳德·温尼科特认为，“足够好的母亲”能够满足婴儿的全能感和自恋的需要，可以帮助婴儿获得力量、自我体验的真实感、内在现实感和意义感，这样生命才得以创造和爱。

同理，每个人都不需要做到完美，只要做到足够好就可以了。那么如何才能把握好度，成为足够好的自己呢？

1.做好自己即可

美国著名小说家海明威在自己的作品《真实的高贵》中写道：

“优于别人并不高贵，真实的高贵是优于过去的自己。”所以，完美的自己不一定是优于别人的自己，而是能够在逆境中咬牙坚持，通过努力变得更优秀的自己。

无论你多么努力地做到完美，仍然会有人对你的表现不满意，那么不如专注自身，努力做好自己。

2.放弃对完美的不合理追求

想要无限趋近于完美，就要先放下对完美的不合理追求，转而追求现实中的最优目标。你在追求的过程中会不断提升自己的能量，那个最优目标也会在这一过程中更新，这样你才能真正靠近最初想要的完美。

完美主义的四个核心特征

20世纪90年代开始，完美主义作为一种人格特质和思维方式，引起了很多心理学界与教育学界人士的关注。心理学中，完美主义被描述为“苛刻的要求”和“与现实情境相比，要求自己或他人有更高的工作质量”。完美主义者会给自己设置不符合实际的高标准，并以是否达到这些标准来判断自我价值。这种过高的标准与恐惧失败相关联，而对失败的恐惧会导致个体出现回避行为，使个体不断地处于警戒和防御的状态中，以回避失败。对失败的恐惧也导致完美主义者会出现仔细检查、反复考虑、拖延、中途放弃等行为。

完美主义有四个核心特征：

1. 自我强加的高标准

完美主义者通常会有严苛的高标准，这些标准可能高得不切实际，对结果和过程都有严格的要求，但这些不合理的标准并非来自外部环境的压力，而是个体内心的选择。达到这些标准后，完美主义者还会继续提出更高的要求。

完美主义者不仅对自己有高要求，对身边的人也有很高的要求。他们对完美已经达到一种不断升级的状态，在完成一个目标后，就会接着提出一个更高的目标，不断地升级。

2. 自我评价过于依赖成功

成功几乎是每个人都有的诉求，但是完美主义者会把自己是否成功当作评价自己的唯一标准。如果没有成功或是所谓的成功没有达到自己标准，他们就会对自己产生负面评价，否定自我价值。

3. 较高的自我批评

因为极度渴望完美，所以完美主义者很难接受自己的不完美或者缺陷。他们会尽可能地避免错误，一旦达不到要求或者出现失误，他们就会陷入深深的自责中，甚至会因为极小的问题而进行自我批评。

4.恐惧失败

完美主义者对失败有着强烈的恐惧，因为他们认为完美是可以达到的，“不完美”一定是自己或他人的责任。美国心理学家托马斯·格林斯庞发现，由于对犯错和失败的焦虑，完美主义者经常无法开始着手一件事情。

吴渊就是一个对自己和他人都有着高要求的人，是一个典型的完美主义者。

吴渊是一个过分追求完美的人，他极度在乎自己在他人眼中的形象以及他人对自己的评价。上学时，他就很在意同学和老师的评价，为了给老师留下好的印象，他会严格遵守老师的规定。高中时，老师说谈恋爱会影响学习，他就很少跟女生说话。整个高中阶段，吴渊都是老师眼中的好学生，可是在同学眼里他就是个死读书的书呆子。

为了追求完美，吴渊在生活中对自己的要求一直很高，对别人的请求几乎有求必应，就算超出自己的能力范围，他也不懂拒绝。即使很多时候，他也知道自己应该拒绝别人的不合理请求，但为了自己的“完美”形象，吴渊只能硬着头皮答应下来。

工作上，吴渊也坚持什么事都要做到最好，他无法容忍失败的自己，如果他无法完成一项任务，就会认为是自己有什么失误。他的生活里充满了“应该”一词，所以对别人的要求也很高，以致他无法信任别人，极少将任务分配给别人。

吴渊的自信来源于他的成就和他人对待他的态度。他把问题的原因都归结于自己做得还不够好，所以时刻需要别人的认可。吴渊的完美主义已经产生一些强迫症状，让他非常痛苦。

像吴渊这样的完美主义者痴迷于高标准和获得别人的认可，但实际上没有人可以让所有人百分之百地满意，注定无法达到的完美是他产生负面心理的根本原因。

虽然完美主义在某种程度上是个体成长的内驱力，但是完美主义也存在一些不可忽视的负面影响。比如，完美主义者会对自己的不足之处不断反省，如果自己无法得到认可，就会觉得自己的价值和自尊受损，因此深陷痛苦之中。

我们可以尝试以下两点，尽量减少完美主义的负面影响。

1.学会接纳自己

那些完美主义倾向的人，可能从小就没有学会接纳自己，所以对自己如此严苛。但每个人都有自己的优点，只有接纳自己，学会欣赏自己身上的可取之处，才能改变自我苛责的倾向。

2. 接受错误

错误是生活的一部分，也是每个人学习过程的一部分。不仅如此，错误还是学习和成长所必需的。那么该如何接受错误呢？

首先，在出现错误时，不要急于批评自己，先找到问题出现的客观原因。其次，找出自己做得好的地方，给自己充分的肯定，只有在内心肯定自己，才能更客观地找出问题所在。

完美主义的六维结构

完美主义的研究起源于人们对一些心理病理现象所产生的负面效应的观察。因此，早期的完美主义研究者将完美主义看作消极的人格特质，认为完美主义是一种破坏性的人格结构。人格心理学家阿德勒是一位赋予完美主义积极意义的研究者。他指出，追求完美与生理的成长是相应的，是一种生活的内在需求。人类发展自己的内在动力就是追求完美。

完美主义始于“对卓越的健康追求”，是心理健康素质的重要人格因素。长期以来，心理学界一直把塑造完美人格作为心理健康的标准之一。研究者们也将完美主义看作一种稳定、持久的人格特质，涉及个人生活的方方面面。

完美主义的测评工具有很多种，早期的测量工具一般是单维度的，主要测量自我取向完美，内容包括与个体获得成就的自我评价有关的项目。由于单维完美分量表十分简单，无法涵盖完美主义结构的内容，所以极少有研究使用这些量表报告。研究者们更倾向于使用多维完美评定量表，以保证测量结果更具有稳定性和有效性。

弗洛斯特、休伊特等人提出了多维完美主义观点，认为完美主义是多维度的结构，既包括人际成分，也包括个人成分。弗洛斯特提出的六维度完美主义结构包括担心错误、行为的迟疑、个人标准、父母期望、父母批评和条理性，并以此编制了多维完美量表。其中，父母期望和父母批评两个维度探讨了完美主义的成因，实际上是在探讨重要他人对完美主义者的人际影响。

通常来讲，完美主义的高标准不是一件坏事，设定较高的目标，有利于促进个体获得成就。但是，当这些目标过高以致无法企及，甚至付出巨大的代价也无法完成时，这些目标就很难让人感觉良好，这就是完美主义的弊端。

为了帮助大家更好地理解完美主义，我们来看一个完美主义者的案例。

林峰是一个建筑设计师，由于职业需要，他对自己的工作要求比较高，养成了每个细节都要做到完美的习惯。对工作有高标准、高要求，这无可厚非，但是他本人的完美主义倾向加剧了这种循环，那就是仿佛永无止境，永远有更高的标准等着自己。这导致他每天都焦虑、紧张，经常会反复思考某个细节，控制不住地出现强迫思维和强迫行为。完美主义曾让林峰在事业上突飞猛进，但现在却成了他的梦魇，让他每天都煎熬难耐，很是痛苦。

林峰的完美主义大概始于童年时期，年幼的他经常被教导要有志气，长大后努力成为成功人士。当他取得好成绩时，父母就会给予他奖励，相应地，他成绩退步时也会受到惩罚。所以，林峰很早就以“必须成功”的信念去生活，成功就像他心仪的猎物一样让他不停地追逐。

不幸的是，工作和生活中总是会有一些挫折，比如方案通不过、项目停滞不前等都会给林峰带来挫败感和自我怀疑。林峰读书时就有焦虑感，一直持续到现在，他也曾多次寻求治疗，被诊断为强迫症和焦虑症。他一直在积极治疗，但至今未能解决自己的问题。

案例中的完美主义就像一把双刃剑，让林峰一直处在两种极端的思维里，一方面是做得非常好的渴望，另一方面是害怕做不好的恐惧。

那么我们该如何克服完美主义带来的负面影响呢?

1.重新认识完美

完美不等于不犯错，而是在自己的能力范围内做到最好。比如，我们在路上看到一个小孩跌倒，我们不会指责他，因为小孩跌倒是正常的。同样地，成年人在生活中犯错也是正常的，是必然存在的，正确对待错误的态度是修正它，而不是把错误当成世界末日。

2.学会善待自己

具有完美主义倾向的人只关注成功的原因，这往往是因为他们没有学会善待自己。我们要认识到，成功是生活给我们馈赠，被爱也是。我们不会因为一两次的失败就被否定，被放弃，所以放弃对完美的执念，从爱自己开始，放弃对完美的偏执。

完美主义为什么难以克服

对完美主义者来说，人生最可怕的就是变成一个平庸的人。大部分完美主义者会不断努力奋斗去实现自己设定的高目标，从而获得更多的赞许和认可。完美主义者的自我评价也依赖这些目标的完成情况，在他们看来只有完成高标准的目标才能实现自我价值。

各种各样的原因将人们禁锢在完美主义的恶性循环中，其中一个主要原因就是完美主义者过分在意目标和任务的完成情况，他们也因此害怕失败和改变。此外，以下几点原因可以解释为什么完美主义难以克服。

1.思维死板

人们之所以容易陷入完美主义而无法自拔，是因为他们会死板地追求自己设定的高目标。即使这些目标实现不了，他们也只会想方设法地实现这些目标，而不是对目标做一些改变。因此，大多时候他们的行为只会适得其反，从而加剧他们的焦虑感。

2.习惯逃避

对高目标的追求太过执着，而高目标又难以实现，导致完美主义者经常达不到自己的要求。在这种情况下，许多人就会选择逃避。

3.过分在意失败

完美主义者感知到失败后，经常会表现出强烈的自我否定情绪。他们通常会将失败看成整个人生的失败。这样做会让自我评价的标准与目标的完成情况联系得更紧密。

4.完美的死循环

完美主义者几乎从不会满意自己取得的成绩，他们完成一项目标后通常会给自己制订一个难度更高的目标。因此，他们更容易陷入完美的死循环。

叶倩就深受完美主义的困扰，但是她不知道该如何改变自己。

叶倩的父母都是老师，从小就对她要求很高。她不仅要在学习成绩上出类拔萃，在待人接物方面也要大方得体。如果叶倩成绩不理想或者在社交场合表现得不好，父母就会不高兴，会批评她，或者表现出伤心的样子让她感到内疚。

因为父母的高要求，叶倩变得很出色，工作没几年就创业成功，拥有了一家自己的公司。但叶倩一直不喜欢在各种公共场合发表意见，她只把追求高标准作为人生目标，因为这样能减轻她的焦虑感。

叶倩虽然在事业上很成功，但是一直没谈恋爱，因为她觉得如果花太多时间在恋爱上，势必会影响自己的工作。虽然事业有成，自己也算一个成功人士，但叶倩每天晚上都会失眠，总想着哪些工作还没做完，哪些项目做得还不够完美。

因为叶倩目前的事业远远超过以前，所以她习惯性地去追求更高的目标。但事业上已经很难有什么成就让她觉得十分满意，她总担心自己的下一个目标无法完成，非常害怕失败。

叶倩也希望自己可以放松一段时间，谈一场恋爱或者和好朋友出去旅行，但是叶倩的完美主义倾向让她成了一个只会工作的机器人，她的人生中除了工作，已经没有其他东西。显然，叶倩的完美主义导致了一系列的问题，但是让她克服完美主义并非易事。夜深人静的时候，叶倩也考虑过是否该放弃继续追求高目标，但她知道自己无法真正地放弃。

完美主义的认知行为模式使我们对完美主义难以克服的原因有了初步的了解。刻板的判断、起反作用的行为和思想上的偏见都是完美主义的特征，这些会让完美主义者陷入恶性循环的怪圈之中。同时，这也意味着一旦你在某个方面做出改变，其他方面也会自然跟着改变。克服完美主义的第一步就是要了解完美主义持续的原因，并通过个性化的模型分析自己的现状。

小测试：你是一个完美主义者吗

几乎每个人都有追求完美的倾向，适度的完美主义可以让你精益求精，收获一定的成绩。但过分追求完美则会产生自我否定的心理倾向，会使人顾虑重重，生活在痛苦之中。下面可以测一测你是否也有完美主义倾向呢？

1.会因为没有达到预期的目标而懊悔不已？

A.完全不同意　　B.不太同意　　C.比较同意　　D.完全同意

2. 认为自己若不能达到预期的目标就应该受到责备？

A.完全不同意　　B.不太同意　　C.比较同意　　D.完全同意

3.认为即使自己再努力，也无法达到预期的目标，努力也是白搭？

A.完全不同意　　B.不太同意　　C.比较同意　　D.完全同意

4.认为不管做任何事都应该尽善尽美？

A.完全不同意　　B.不太同意　　C.比较同意　　D.完全同意

5.认为一件事如果不能做到理想的地步，不如放弃？

A.完全不同意　　B.不太同意　　C.比较同意　　D.完全同意

6.认为不应因为现实的问题，而降低对事情品质的要求？

A.完全不同意　　B.不太同意　　C.比较同意　　D.完全同意

7.相信只要尽力，任何事情都可以达到完美的境界？

A.完全不同意　　B.不太同意　　C.比较同意　　D.完全同意

8.只要犯了错误，即使再小的失误，都不会轻易原谅自己？

A.完全不同意　　B.不太同意　　C.比较同意　　D.完全同意

解析：

选择A得1分，选择B得2分，选择C得3分，选择D得4分。

将8道题目的得分相加。

测试结果为1—19分：没有完美主义的倾向

测试结果为20—29分：有完美主义的倾向。

测试结果为30分以上：十足的完美主义追求者。

第二章

停止苛求，跳出完美主义的“健康陷阱”

完美主义者的“心理亚健康”状态

完美主义者不仅对自己严格，也对他人有严格的要求。他们对成败的判断建立在自己设定的高标准上，总是希望能把事情做得越来越好，希望自己的生活或者工作不断有进展，达到自己向往的水平。但是，在现实生活中，有成功必然会有失败，完美主义者经常会因为给自己制订的标准不切实际而无法完成目标。对完美主义者而言，如果没有达到标准，做得再好也是失败，所以往往伴随着严格的自我检讨和批评，从而导致烦恼、焦虑、抑郁等心理困扰。

因此，完美主义与大部分心理问题都有直接的联系。因为完美主义不仅会导致一些心理问题的产生，还会使这些问题的情况恶化。许多心理问题都和完美主义有关，比如焦虑症、抑郁症、拖延症、强迫症等。

李念就因为自己的完美主义一直处于心理亚健康状态。

李念是一个完美主义者，对生活的各个方面都要求完美无瑕。他也曾为自己的完美主义而沾沾自喜，但随着年龄的增长，他发现完美主义给他带来越来越多的问题，这让他开始怀疑自己的完美主义到底是好是坏。

李念专门找了各种资料，认真地学习什么是完美主义，他觉得自己应该属于适应不了的完美主义。李念的完美主义在工作上表现得最为明显。作为一个项目经理，李念的工作理念就是全力以赴地完成业绩目标，因此他对下属严厉得有些不近人情。他管理的部门虽然业绩是最好的，但也是最辛苦的。一些业绩比较好的员工甚至因为忍受不了高强度的工作而选择了跳槽。

李念一直要求下属跟自己都要有完美的表现，所以经常带着部门的员工加班，使下属们怨声载道。但是李念就是无法忍受自己的部门落后，如果有一个月部门的业绩不是最好的，李念就会寝食难安。

李念在工作细节上也是极度的完美主义，比如员工年终考核时，他每次都会为了员工的评语纠结不已。他总想找出最合适的措辞，所以每到年底就要熬夜加班，冥思苦想员工的评语。但每次写完后，李念又觉得评语没有达到他的预期，他应该想出更精准的评语才行。

生活上，李念也因为自己的完美主义常常跟人发生冲突。他会因为家具摆放的位置跟老婆争论不休，也会因为去哪个餐厅聚餐和朋友商量半天没有结果。总之，他的生活已经被完美主义支配，由此引发的心理问题也让他痛苦不堪。

完美主义可以说是一种相当稳定的心理特征，想要消除其带来的负面影响需要一个长期的过程。完美主义者可以尝试以下几个方法，通过自我干预的方式克服完美主义倾向。

1.选择性地坚持完美

想要克服完美主义的负面影响可以尝试放弃对完美的偏执追求，只在对自己而言比较重要的事情上追求完美。这样可以大大降低失败的概率，从而降低完美主义者的心理负担。比如，一个人在工作上坚持完美主义，就不必要求自己在生活中也处处完美。

2.理智地设定目标

一个无法完成的高目标往往会演变成一种障碍。太高的目标并不能激发完美主义者的潜力，反而会导致完美主义者因为无从下手而止步不前。因此，制订理性的目标，或者略低于自己能力的目标，是治疗完美主义实用的方法之一。

3.培养几个以娱乐为目的的爱好

以娱乐为目的的爱好就不会有“好”与“坏”的评判，即使是完美主义者也不用去担心目标、结果等功利性的东西。为了娱乐而娱乐是完美主义者最好的放松手段。

4. 学会欣赏错误

错误并不总是令人深恶痛绝的，许多错误也有可能是无害的，甚至是有益的，比如科学家可能会因为错误的操作而发现新物质。所以当错误出现，不要急于自责、悔恨，说不定这个错误可以让你有一个新的思路。

抑郁症：当抑郁遇上完美主义

澳大利亚著名临床心理学家萨拉·埃德尔曼在《改变你的想法》一书中写道："完美主义的人不能简单地享受日常生活，因为他们的时间已经被担心自己的缺点和不足所占据。"可见，完美主义者对不完美的抗拒是他们主要的压力来源。他们之所以不断追求完美，就是因为不能接受自己的平凡和碌碌无为，所以要将一切都完美化。完美的外貌、完美的爱人、完美的工作、完美的事业……总之，一切完美的事物都是完美主义者追求的。

在完美主义者眼里，只有好与不好、成功与失败两种极端的状态，并不存在"还可以""差不多"之类的中间状态。所以，完美主义者更容易"失败"，因为绝对的完美注定是无法实现的。而失败会严重影响完美主义者的自我评价，在长期的自我否定下，完美主义者不免会产生焦虑、不安甚至内疚的压抑情绪。当这些负面情绪得不到缓解时，自然就会产生抑郁心理。

众多研究表明，抑郁与完美主义倾向存在正相关，完美主义的认知与行为是解释抑郁症状的一个重要因素。造成完美主义者抑郁的原因主要有以下两点：

1.低自尊

研究表明，自尊是完美主义和抑郁的中间变量。完美主义者通常意识不到他们追求的完美是不易实现的，所以一旦出现失误和挫折，他们就会把自己的不足当成现实自我与理想自我之间的差距，从而沦为低自尊者。而低自尊者不相信自我价值，对人际关系、社会过分敏感，是抑郁的原因之一。

2.社会压力

完美主义者是用根本不存在的完美标准衡量自己做的每一件事，所以他们很容易产生压力。当他们不能很好地处理压力时，就容易产生不良认知，从而导致心理问题的出现。这时候社会支持即他人的关心、爱护或帮助可以缓解完美主义者的心理压力。但不幸的是，完美主义者通常是低社会支持者，这也是他们更可能患有抑郁的原因之一。

何青就是一个因为完美主义而在抑郁边缘徘徊的人。

何青一直知道自己是一个自尊心极强的人，但同时内心又很脆弱，可以说是很自卑的一个人。从小父母就喜欢把她跟邻居家的孩子相比。为了满足父母的期望，何青的学习从来没有让父母操心过，她的成绩一直名列前茅，所有的老师对她的印象都是“肯吃苦，爱学习”。

虽然何青一直是人人羡慕的学霸，但是何青并没有因此感到快乐。她发现人一旦渴望被认同，就会希望自己越来越好，随之而来的就是越来越大的压力。何青有时候也会察觉自己仿佛是在为“他人”而活，体会不到生活的乐趣和意义。在苦闷中，何青开始检讨自己，然而她的结论却是自己做得不够好。

何青工作后，完美主义更明显地延伸到生活中，她总是不停地关注自己的仪态和衣着，很多衣服她买回来就觉得不合适，一次都没有穿出去过。她在与人交往时，也会控制不住地思索自己与他人沟通的语气、神态是不是合适，自己应该盯着对方的眼睛还是不看对方比较好。如果别人表现出一点儿不满，她就开始不停地反思自己，到最后否定自己。

这些琐碎的事情消耗了何青很多精力，她却无法控制自己不去在意这些细节，这让何青变得抑郁、焦虑、痛苦不堪。她的完美主义让自己陷入一种恶性循环之中。

何青因完美主义产生的自我否定是她产生抑郁情绪的原因之一。虽然完美主义很难克服，但通过努力可以得到缓解。我们可以参考美国心理学家戴维·伯恩斯在其所著的《伯恩斯新情绪疗法》一书中的做法。伯恩斯在书中诚恳地提出了“平凡一天”的挑战计划，劝有完美倾向的人暂且做一天“平凡人”。

作为“平凡人”，你不需要特别成功。尽管你很平凡，你还是可以从生活中获得满足感，这是你平常无法体验到的。如果你能继续做“平凡人”，你的满足感可能还会继续增加，最后升级为喜悦。

焦虑症：对失败的焦虑让你不堪重负

完美主义者习惯为自己设定过高的目标，如果发现这些目标或任务可能无法顺利完成，他们就会产生强烈的焦虑感。所以完美主义与焦虑症存在着密切的联系。

完美主义者在某些事情未完成时，对目标的担忧会让自己不断地思考或自我审视，一旦无法达到预期的目标或者什么事没法马上完成就会非常紧张，忧虑不安。如果因为自己而使事情出现差池，完美主义者就会变得更加忧心忡忡、焦虑不已。不仅如此，完美主义者跟别人合作时，倘若对方不按照他的满意标准来做，他也会觉得如坐针毡。

社交焦虑大概是完美主义者身上最常见的焦虑症状。这主要是因为完美主义者更在意自己在社交活动中的表现，他们希望自己在社交场合中表现完美，一切言谈举止都恰到好处。如果他们在社交场合中举止不当，做出让人尴尬的事情，或者别人注意到自己的紧张和其他不好的表现时，他们就会自责不已。

在下面的例子中，林皓就是一个有社交焦虑的人。

林皓是一家传媒公司的设计师，他每天的工作就是根据文案策划画设计稿，基本不需要跟公司其他部门打交道。每周一的例会几乎是林皓在公司里唯一的社交活动，每次会上林皓都希望自己能有所建言。但每次会议开始之后，他坐在会议桌前就会变得十分焦虑。虽然林皓的设计水平在公司里算是顶尖的，但他总是担心自己在发言时无法完美地表达自己的观点，他还担心自己的紧张会被同事发现，让自己变得尴尬。

每次的周例会都让林皓感到煎熬。他希望表现自己，又担心自己出错，所以每次发言前他都会在脑海中一遍遍地练习如何让自己的观点更清晰地表达出来。除此之外，林皓还经常把自己与其他同事进行比较，如果他觉得同事的发言更准确，更能解决问题，他就会一边责备自己表现得不好，一边反思自己说的每一句话，希望下次能表现得比较好。

林皓也比较害怕进入陌生场合。每次进入陌生的社交场合他都会脸红、出汗，甚至会因为焦躁不安而浑身发抖。深陷社交焦虑中的林皓一直逃避陌生场合，如果不得不身处陌生的环境中，他就会感受到焦虑的折磨。

林皓的社交焦虑症状就是由自己追求完美造成的。如果能改变自己完美主义的倾向可能会帮助他克服自己的社交焦虑。

那么，如何克服完美主义引发的社交焦虑呢?

1.消除对自己偏见

完美主义者在社交中会不自觉地对自己抱有偏见，总是认为自己表现得不够好，可以表现得更好。这些偏见带有消极的倾向，让完美主义者轻视自己的努力和社交能力，导致自己在社交活动中过度思考，出现焦虑症状，进而影响自己在社交中的表现。

完美主义者想要改变对自己消极的偏见，减少潜在的焦虑，可以试着倾听自己真实的想法，回顾自己在社交活动中的积极表现，平衡消极情绪。肯定自己的积极表现，改善自己的消极表现，焦虑的源头才会消失。

2.锻炼自己的交流能力

不要把社交的责任全部放在自己身上，要把交谈看作一种双向的交流，而不是单向的。只有和对方有来有往，谈话才能顺利地进行，所以谈话并不是你一个人的责任。把社交看成双方的责任有助于减轻压力，也有助于减轻焦虑感。

此外，想在社交中表现得更好，平时可以积累一些话题，既可以让自己在社交中加分，也可以避免双方无话可聊。

愤怒症：小瑕疵引发的无名“怒火”

“完美”是一种终极幻想，在现实中并不存在，所以那些追求极端完美主义的人注定会陷入失望之中。因为如果以完美主义的标准来看，任何事都有需要改进的地方，每个人、每种观念、每件事都不可能完美无瑕。所以，如果你是一个完美主义者，那么不管怎么做，你都必将面临失败。

“病态”地追求完美容易演变为神经质人格，表现为个性敏感、焦躁易怒，面对所有事都紧张兮兮、操心过度，简单来说就是要求所有的事物都十全十美，容易吹毛求疵、求全责备。

因为完美主义者追求十全十美，所以会把全部精力放在所做的事上。即使不是十分重要的事，他们也会因为自己的完美主义产生很强的占有欲和控制欲。如果这件事不能按照自己的预期发展，完美主义者就会产生愤怒的情绪。

林佳就经常因为别人达不到自己的要求而焦躁易怒。

林佳是一个创业公司的合伙人，主要负责新公司的业务开拓。她是一名优秀的业务员，每次谈业务她都坚持做到尽善尽美，直到让客户满意为止。创业初期公司的业务压力比较大，林佳在开拓业务的过程中不免会遇到挫折，这时她的完美主义受到了挑战，她就会变得非常易怒，还喜欢乱发脾气。

有一次，在公司的例会上，林佳动员员工主动加班，一起帮公司度过创业的困难时期。她承诺等公司业绩提高了，会给大家补发奖金。但已经连续加班一个月的员工并不买账，虽然员工没有在例会上直接抗议，但是私底下却抱怨：“公司能坚持到哪天还不知道呢，拿什么给大家发奖金？”

林佳听到员工抱怨时非常生气，她觉得员工为了更好地完成工作，加班是应该的，为什么要抱怨呢？林佳对这名员工进行了严厉的批评，因为这名员工的言辞不仅阻碍了全员加班目标的实现，还让她经历了管理上的挫折。

林佳不仅在工作上容易生气，在生活中也经常发脾气。比如孩子成绩不理想，她不关心孩子成绩退步的原因，只会不分青红皂白把孩子骂一顿。不满意老公做的家务她也要劈头盖脸地指责一番。

林佳仿佛随时会进入战斗状态，每天斗志昂扬，看什么都不顺眼。但她的愤怒情绪不仅让她的工作停滞不前，而且让家庭关系变得比较紧张。然而林佳并没有意识到自己的问题，她觉得自己只是要求高了一点儿，为什么大家都不能理解她呢？

愤怒是人的正常情绪之一，一个人如果没有愤怒的情绪，反而是一种问题。但是像林佳那么焦躁易怒，就应该引起自己的反思了，因为这样的愤怒已超过正常水平，会给自己的生活带来不必要的麻烦。

如果自己变得易怒该如何改正呢?

1.冷静下来

完美主义者容易变得顽固和僵化，所以会在面对不完美时不能自控地发怒。当我们愤怒时，首先要想方设法让自己冷静下来，仔细审视当前的错误，并寻找解决办法。如果我们能够准确地分析出问题所在，对解决当前的问题会大有益处。

2.原谅自己的缺点

没有人是完美的，每个人都有优点和缺点。一个人只有不断成长才能无限接近理想中的自己。所以，不要揪着自己的缺点不放，而要在挫折中努力改正自己的缺点。同时，不要浪费时间去担心自己不能完成的事，而应该把精力放在不得不做的事情上。

3.专注重要的事

问一问自己，目前困扰你的那件事是否真的如此重要。这件事会给你带来多大的影响，是会影响你一天，还是未来一年你都会因此感到困扰?问过这些问题后，你会发现，让你困扰不堪的那件事也许没有那么重要，你需要做的只是调整好自己的心态和情绪。

恐惧症：难以摆脱对缺憾的恐惧

大多数完美主义来源于恐惧，可以说对不完美的恐惧是使完美主义存在的主要原因。完美主义者会担心自己不能像别人一样出色，甚至担心自己做得不能像上次那样好。这样的恐惧会让个体的完美主义倾向变得越来越严重。

随着互联网的发展，社交媒体变得越来越发达，这在无形中增加了完美主义者的恐惧。因为他们可以轻易地通过社交媒体看到别人的生活。

当你窝在家里无所事事时，别人可能正在国外某个美丽的小镇旅游；当你的孩子正在努力备战高考时，邻居家的孩子可能已经获得国际知名大学的录取通知；当你辛辛苦苦减不掉一斤肉时，别人可能已经练出了美丽的天鹅颈……

你与别人的差距就是恐惧的来源。但是，你常常会忘了人们在社交媒体上喜欢撒谎，他们故意把自己的生活描绘得光鲜亮丽，只是为了吸引别人的目光。没有人有勇气将自己的真实生活全部告诉别人，因为每个人都有自己烦恼，而大多数人只会选择向别人展示好的部分。

我们很少知道别人生活的真相。但是一个完美主义者只看到表面上的东西，就会因为自己与别人的差距而感到羞愧。所以完美主义者在落差带来的恐惧中会给自己更大的压力，比如努力计划一个自己负担不了的假期，或者让自己的孩子去读没必要的贵族学校。这些不理智的行为都是难以摆脱对缺憾的恐惧造成的。

任雪就是这样一个被恐惧绑架的完美主义主妇。

任雪是一个全职主妇，为了照顾两个孩子，她不得不辞去自己非常喜欢的营销工作，全心全意照顾一家人的生活。因为社会上对家庭主妇的价值认同不高，大部分家庭主妇根本得不到应有的尊重，任雪害怕自己也被当成免费保姆，所以在家庭生活中一直劳心劳力，每件事都想做到完美。

每天早上，任雪都会准备好营养丰富的早餐，提前把老公上班穿的衣服搭配好，送老公出门后，再收拾孩子弄乱的餐桌。

做了妈妈之后，任雪的生活主要就围绕着日渐长大的孩子展开，为了让挑食的孩子营养均衡，任雪把大部分精力都花在为孩子准备营养丰富又美味的三餐上。她还会照顾孩子的审美，尽量把食材布置得精美，还会选择各种造型可爱的餐具，也会促使孩子们的食欲大增。

作为一个完美主义者，任雪不能接受自己的生活跟别人有太大的差距。比如看到邻居出国旅游，她就会冥思苦想安排一场花费不多，但是很有意义的旅行；看到同小区的孩子上了什么兴趣班，任雪也会跟老公商量要不要也给自家孩子报名……这样无限循环下去，任雪的压力越来越大。但是，她就是无法放弃自己的完美主义，因为放弃完美是她最恐惧的事情。

任雪已经被完美主义带来的恐惧所绑架，无法容忍自己跟别人之间的差距，而这只会让她的压力越来越大。但是完美主义无法克服吗？并不是。我们想要克服自己的完美主义，可以尝试从以下几点做起：

1.意识到完美主义是一个问题

不可否认，完美主义可以帮助我们变得优秀，就像我们在游戏里创建一个看起来很完美的角色一样，这样的完美形式可以让我们在情感上得到满足，但是这种完美是不真实的。而对完美主义者来说，完美的表象已经成为保护自己的一种方式，放弃它可能导致更大的恐惧。但是，保持不真实的完美会让我们精疲力尽，只有认识到完美主义也是一种问题，然后调整心态才能让自己从压力中释放出来。

2.根据自己的情况做出改变

一个人对完美的追求很有可能会变成自己设置的一种障碍，他会为自己的完美主义极力辩护，坚持认为如果不这样做，事情将无法完成。当个体有这种想法时就要开始做出改变了。我们可以循序渐进地放低自己的要求，为转变自己的心态制订可行的方案。不要在改变时追求一蹴而就，循序渐进才是可行的。

强迫症：执着于细节的完美主义者

完美主义是一种做事十分注意细节、追求完美无瑕的个性特征。心理学家将完美主义划分为适应性和非适应性两大类。

适应性完美主义者会为自己设置合理的目标，然后通过努力不断完善自我。在这个过程中，如果遇到挫折，他们也能较好地适应，可以做到理性思考、正确面对。完美主义对他们来说是一种自我提升的动力。

但非适应性完美主义者常常会为自己设置过高的、僵化的目标，而且常常将注意力集中在无关紧要的细节上，会对小小的挫折过度关注。完美主义对于他们来说是一种十分痛苦的负担。

下面这个案例中的刘杰就是一个典型的“非适应性完美主义者”。

刘杰是一个性格内向、自尊心极强的年轻人。在学生时代，他对自己的要求就非常严格，无论做什么事情都要尽善尽美。上大学期间，他的学习成绩一直很好，在系里名列前茅，导师对他赞许有加，说他日后一定会大有作为。

大学毕业后，刘杰进入一家五百强企业工作。为了赢得领导和同事们的认可，他对待工作更是一丝不苟。领导让他撰写一份文档，他会花费很长的时间设计格式：挑选什么字体、使用什么配色、加入什么装饰花边……这些细节都让他费尽心思，也因此耗费了很多时间和精力，等到开始撰写正文的时候，他才发现时间有些来不及。

为了避免引起领导的不满，刘杰急急忙忙地写完正文交上去，领导对他的工作成果还是比较满意的。但刘杰知道这份文档并不完美，他的脑海中开始一遍遍地闪现那些不完善的地方和一些细节上的疏漏之处。这样的强迫式回想让他感到十分痛苦和烦恼，也让他感到非常紧张，总觉得领导马上就会发现自己的问题，会对自己严加斥责。

“别想了，别想了！”刘杰苦恼极了，他用拳头轻轻捶着自己的额头，想把那些恼人的细节赶出大脑。可越是这么做，那些念头就越是根深蒂固，让他根本无法集中精力好好做事……

因为适应能力较差，在刘杰这类完美主义者身上容易出现焦虑、抑郁、强迫等症状。他们对自己极为严苛，容不得任何一个不符合“标准”的细节存在。当脑海中出现“这里我没做好”的念头时，他们就会对这种情况过度重视，并想靠自己的主观意志来消除和控制它，结果却导致这些思维内容频繁地出现，这使他们陷入了强迫思维的恶性循环。

当然，完美主义并不等于强迫症。前者属于个性特质，后者则是一种心理疾病。但心理学家确实发现，非适应性完美主义者容易患上强迫症，并会引发很多不良后果。

比如为了避免细节失误，这类人会出现“强迫回忆”的问题，脑海中会像放电影一样反复出现之前做过的细节，而且很难摆脱。

他们还会出现“强迫检查”的问题，会一遍遍地检查自己已经做过的事情，让自己心力交瘁、十分痛苦。

他们也会出现“强迫询问”的问题，会不停地追问别人一些细节问题，难免会引起对方的反感……

完美主义引发的强迫症会造成很多负面影响，会让患者的职业功能、婚姻功能、父母职能受损，还会引发自我封闭、妄想等严重的后果。所以当你发现自己开始像刘杰那样，总是执着于一些无关紧要的细节问题的时候，就一定要提高警惕，注意防范强迫症。

为此，你应当注意做好以下几点：

第一，停止对细节的过度关注。

过度关注细节是非适应性完美主义者身上的一大问题。相对于其他人，他们往往会将自己的注意力错放在一些不重要的细节上，但对于重要问题、整体问题、全局问题缺乏必要的认识，常常会导致做事的结果“不够完美”，而这无疑会加重他们的心理压力，引发恶性循环。

所以这类人一定要避免让自己成为细节的“奴隶”，无论做什么事情，都要用“二八定律”提醒自己，也就是要把80%的主要精力放在重要的事情上，放在整体和大局问题上，只将20%的时间和精力用于完善不太重要的细节问题。

唯有摆脱了细节的禁锢，你才能成为真正的“自由人”，可以更好地发挥自己的潜力，把事情做得更加出色、到位。

第二，努力接受小瑕疵的存在。

万事万物都不可能达到100%的完美，瑕疵和纰漏是必然存在的，你应当学会接受这一点。如果你发现自己在做某件事情时出现了一些小纰漏，但并不影响最终的结果，那么你可以提醒自己注意这个问题，然后对自己说：“事已至此，我再多想也不会改变什么。等下次做事时我一定会注意完善，不会再出现同样的问题。”

“不要为打翻的牛奶哭泣。”你可以试着用这句话安慰自己，使自己能够把强迫性的念头驱逐出脑海，让自己不再反反复复地回想那些纰漏、缺憾，这样心理压力也会大大减轻。

第三，试着去“中和”脑海中的强迫思维。

强迫思维是强迫症的一个主要表现，那些强迫性的念头常常会以刻板的形式扰乱你的思维，让你感到十分痛苦。这时候，如果努力加以抑制，常常会出现反效果。你会发现这种念头出现的频率更高了，会有“无法自控”的体验，还会引发烦躁、焦虑等情绪。

在这时你应当注意让自己的身心放松以改善情绪、消除心理压力。然后试着转移自己的注意力，同时淡化自己的强迫思维，要学会顺其自然，不要特别关注它的存在。

慢慢地，你会发现那个念头逐渐消失了，而你也会获得一种强烈的快感，因为你成功地战胜了强迫思维。

除了自我心理调适以外，你还可以向专业的心理医生寻求帮助。特别是对那些已经出现明显强迫症状的完美主义者来说，这一点十分重要。你需要在医生的指导下，磨炼自己的个性，增强自己的心理承受能力和调适能力，以便从根本上克服完美主义强迫症，让心灵恢复自由的状态。

进食障碍：过度追求完美身材的噩梦

进食障碍在女性群体中比较常见，现代社会常把身材苗条作为女性自信、美丽的代表，加上媒体大力宣传以瘦为美，鼓吹极致身材的吸引力，导致那些追求完美、幻想极致身材的女性盲目地减肥。为了尽快拥有好身材，大多数女性会选择节食的方法，这也是她们患上进食障碍的主要原因。

可见进食障碍往往是过度追求完美身材导致的，因此与完美主义息息相关。完美主义者的完美体现在方方面面，所以她们会花更多的时间在关注饮食和身材上，因此患进食障碍的概率比非完美主义者大得多。

进食障碍主要分为神经性厌食和神经性贪食，两者共同的表现是恐惧发胖，但厌食症患者一般体重过低，贪食症患者一般体重偏高。临床表现主要有以下两种：

1. 神经性厌食主要表现为主动拒食或过分节食，导致体重减轻，形体消瘦，体象障碍及神经内分泌的改变。

2.神经性贪食主要表现为发作性不可抗拒的摄食欲望和行为，一般在短时间摄入大量食物，进食时常避开人，在公共场合会尽量控制。

如果一个人患有进食障碍，其完美主义倾向可能主要表现在控制饮食、身材和体重等方面。患有厌食症的林陌就是一个典型。

林陌是一个外表靓丽的女孩，从小到大她对自己的容貌和身材一直都比较自信。工作后，林陌发现女同事们都痴迷减肥，有的一天只吃一顿饭，有的吃专门的减肥餐，还有的同事建议她也一起加入。林陌原本不以为意，因为她对自己的身材比较自信，觉得自己的体重一直维持在一个健康的范围。但有一次公司组织体检，林陌才发现自己在女同事中居然算偏胖的。她觉得自己必须开始减肥了。

林陌下定决心后，在控制体重和饮食方面给自己制订了一个严格的计划表。比如一天最多摄入1200卡路里，一个星期只能喝一次奶茶，不吃任何会让人发胖的甜食。因为林陌是一个完美主义者，所以她一直严格按照自己的减肥计划表进行，因为如果她打破了其中一条规定，她就会觉得自己破坏了减肥计划，一切都得从头再来。

由于过度节食，林陌慢慢开始出现厌食症的症状，常常会恶心、呕吐，即使有饥饿感也强迫自己不进食。虽然林陌的体重明显下降，但是林陌并没有因此感到高兴。因为厌食症对她的身体伤害很大，她变得畏寒怕冷，还出现昏厥的情况。

后来，林陌的情况越来越严重，在一次昏厥后，家人把她送到了医院。在专业医生的帮助下，林陌调整了自己的错误认知，渐渐地恢复食欲，并保证再也不盲目地减肥了。

上述案例中，林陌之所以患上厌食症跟她对完美身材的追求是分不开的。厌食症虽然发病率低，但危害很多，往往会导致营养不良、多器官功能衰竭、感染，还会引起心理的病变，重症者甚至会死亡。

有厌食倾向时可以尝试以下方法进行自我调节，而厌食症患者应尽早就医，早发现早治疗。

1.分析厌食原因

如果发现自己食欲不振，要先分析原因，再对症下药。如果厌食是压力导致的，比如近期的工作比较忙，没有时间好好吃饭，所以对食物丧失兴趣，那么一定要给自己争取一段假期，调节好自己的心理健康。

如果是生活不顺利，导致心情抑郁，没有食欲，那么要尽快调整好自己的心态，把精力投入让自己快乐的事情中，以免产生厌食情绪。

2. 调整饮食

大多数的厌食症是由不规律的减肥造成的。很多女性想保持好身材，经常拒绝进食，或者吃一些减肥药引发副作用，都有可能导致厌食。这时要先从自己喜欢的食物开始，重新引发自己对食物的兴趣。找到自己喜欢的食物，好好地享受一番，无形中就可以缓解厌食的症状。

3. 家庭治疗

家庭治疗适用于发病较早、病期较短的患者。家庭治疗的工作需要发动家庭的健康力量，将患者的进食障碍问题转化为家庭关系问题，改变家庭模式，最终改善进食障碍症状。

4. 专业治疗

如果厌食症确实到了比较糟糕的情况，建议去求助医生，寻找最好的解决办法。

病态自恋：沉浸在自我迷恋的幻觉中

自恋是指自我崇拜并过分关心自己的完美的一种心理状态。正常程度的自恋一直被视为健康心理的重要元素。直到1980年，美国心理学会才承认自恋也是一种病理性障碍，即自恋型人格障碍。

具有自恋型人格障碍的人，为了得到他人或社会的认可、关注、赞扬等，会不断地创造更高的成就、更多的成功。这和完美主义者的追求是相似的，对完美主义者来说他每完成一件事就必须开始下一个目标，以得到新的成功和肯定，因为只有不停地提高要求和标准才能给他们带来更多的自尊。

《自恋：面具背后》的作者戴维·托马斯指出，自恋的人在人际交往中以自我为中心，难以维持满意的人际关系，缺乏心理认知。可见病理性自恋不只是自我膨胀那么简单，它是一种非常严重的心理障碍。

自恋型人格障碍起始不晚于成年早期，存在于各种背景下，表现为下列5项及以上症状：

1.具有自我重要性的夸大感。

2.幻想无限成功、权力、才华、美丽或理想爱情的先占观念。

3.认为自己是“特殊”的和独特的，只能被其他特殊的或地位高的人（或机构）所理解或与之交往。

4.要求过度的赞美。

5.有一种权利感。

6.在人际关系上剥削他人。

7.缺乏共情：不愿识别或认同他人的感受和需求。

8.常常妒忌他人或认为他人的感受和需求。

9.表现为高傲、傲慢的行为或态度。

具有自恋型人格障碍的人对自己的痴迷，也来源于对他人成就的恐惧，所以他们无法停止对名利的追逐。

戚雯就是这样一个病态自恋的人。

戚雯在大学期间成绩一直名列前茅，为了继续深造，她选择了考研。那些没有考研的同学都开始积极地找工作，很多人都拿到了满意的录取通知。戚雯看到同学们都热闹地讨论自己的工作，做什么职位，而她却因为考研错过了不少招聘会，为此她有些后悔，怀疑自己是不是选择错了。

戚雯是一个完美主义者，也是一个自恋的人。在她的观念里，不优秀的人活着也没有意义。如果一件事自己做得不如别人好，她就会感到痛不欲生。所以戚雯一直无法安心地休息、放松，她相信自己凭借能力还可以做更多的事情，获得更高的成就。而当她确实获得了一些成就时，她就会想方设法地继续保持之前的成就，甚至做得更好。

可是当戚雯遇到挫折时，她又会很快地想要放弃，想要逃离。比如这次，戚雯就觉得自己很没用，但是她又无法主动找人哭诉，所以只能一边担心自己的考研成绩，一边嫉妒那些找到工作的同学。

戚雯就是完美主义导致的病态自恋。病态的自恋可能会导致一个人的人际关系破裂，因为极端自恋的人往往敏感、脆弱，在与人交往时会产生不安全感，甚至产生羞耻倾向。

如何才能克服病态的自恋心理呢？

1.解除自我中心观

自恋型人格障碍最主要特征是以自我为中心。要治疗自恋型人格障碍，必须把以自我为中心的行为罗列出来，然后请一位和你亲近的人作为监督者，一旦你出现以自我为中心的行为，便给予提示或警告，督促你及时改正。通过这些努力，自我中心观才会慢慢消除。

2.学会爱别人

对于自恋型人格障碍的人来说，只抛弃自我中心观还不够，还必须学会去爱别人。生活中最简单的爱的行为便是关心别人，比如别人生病时及时送出问候，别人遇到困难时主动提供帮助。如果能够在生活中学会付出对他人的爱，病态的自恋心理也会减轻。

睡眠障碍：为什么完美主义者更容易失眠

据调查显示，在现代社会的快节奏和生活压力下，很多人都患有睡眠障碍或者和睡眠相关的疾病。成年人出现睡眠障碍的比例甚至高达30%。

睡眠障碍指的是睡眠量不正常、睡眠中出现异常行为的表现，还有睡眠和觉醒正常节律性交替紊乱的表现。出现睡眠障碍的人大多性格严谨，而且有完美主义的特质。因为完美主义者对自己的要求过高，容易在遇到挫折时耿耿于怀，所以失眠的概率相对较高。

睡眠障碍的临床表现有以下两点：

1.睡眠量不正常

睡眠量不正常包括两大类：一类是睡眠量过度增多，经常出现短时间（一般不到15分钟）不可抗拒性的睡眠发作，往往伴有摔倒、睡眠瘫痪和入睡前幻觉等症状。另一类是睡眠量不足的失眠，整夜睡眠时间少于5小时，表现为入睡困难、浅睡、易醒或早醒等。

2.睡眠中的发作性异常

指在睡眠中出现一些异常行为，如梦游、梦呓（说梦话）、夜惊、梦魇、磨牙、不自主地笑、肌肉或肢体不自主地跳动等。这些发作性异常行为不是出现在整夜睡眠中，而是多发生在一定的睡眠时期。例如，梦游和夜惊多发生在正相睡眠的后期；磨牙或肢体不自主地跳动等多见于正相睡眠的前期。

睡眠障碍在人群中最常见的症状是失眠。许枫就是一个深受失眠困扰的人。

最近半年的时间，许枫一直被失眠困扰，尤其是最近半个月，他几乎每天都失眠。他是一家外贸企业的业务经理，因为行业不景气，他的工作压力越来越大，经常遇到客户不理睬、不回复的情况。巨大的工作压力是导致他失眠的罪魁祸首。

许枫是一个完美主义者，外贸行业景气时，他一直是公司业绩最好的业务员，所以很快就升任了业务经理。但是现在外贸行业不好做，部门的业绩很差，这让许枫开始怀疑是不是自己的能力有问题。最近由于一个项目没有明显的进展，他每天焦躁不安，失眠症状也变得严重起来。

许枫每天晚上都很难入睡，而且睡眠比较浅，一点儿动静就会把他吵醒。醒来后，他就睡不着了。由于长期失眠，许枫白天的时候经常精神不振、昏昏沉沉，注意力不集中，对事物的反应速度也变慢了。失眠还让许枫的免疫力下降，经常小病不断。

许枫的这种症状本应该及时就医，但是他无法忍受自己因病耽误工作，因此一直拖着。直到公司领导发现了他的异样，强制批了他的病假，许枫才去寻求专业治疗。

许枫的失眠是完美主义带来的压力导致的。睡眠是维持人体生命的重要生理功能，对于人体必不可少，长期失眠会使个体免疫力下降，健康受损。所以，当失眠经常出现时我们要提高警惕，可以从以下几个方面改善睡眠的状况。

1.加强心理建设

睡眠是人体的正常生理需求，如果个体能够自然地感受到困意就很容易入睡。相反，如果个体太在意入睡困难，反而不容易入睡。因此，想要改善睡眠的状况，就不要把能否睡着太当回事，停止睡前的胡思乱想，采取顺其自然的态度。当你不去刻意控制情绪和思维时，也许反倒能自然地入睡。

2.养成健康的睡眠习惯

睡前不要进行剧烈运动，不要喝一些有兴奋作用的功能饮料。另外，不要在睡前看一些情节跌宕起伏的影视作品和小说等，否则容易让大脑皮层过于兴奋，影响睡眠质量。

3.注意饮食

饮食不良也容易引发失眠，所以平时要注意饮食，少吃一些油腻的食物，最好保持饮食清淡，这样就不容易引发失眠的情况。

4.避免熬夜

很多人晚上熬夜时会借助浓茶或咖啡来提神，这样虽然能起到提神的作用，但长此以往会扰乱人的生物钟。所以尽量避免熬夜，睡前不要喝浓茶、咖啡等一些具有兴奋作用的饮料。

负面效应：无法满足的期望与标准终将压垮你

在完美主义者眼里，完美是无法超越的准确或优越。完美主义者的高标准、高要求原本是积极的追求，但由于完美主义者容易在失败时进行自我批评，所以当挫折、困难、不完美一起袭来时，完美主义者就很容易抑郁。

有调查表明，在强大的社会压力下，力求完美的人面临的风险更大。因为当完美主义者对高目标的追求太过执着，而目标又无法完成时，他们就会变得情绪低落，这也会导致一些消极情绪的产生，比如拖延、逃避，甚至有轻生的倾向。

李玟就是一个完美主义者和抑郁症患者。

李玟是一个极度追求完美的人，她在生活中遇到任何事都想做到完美无瑕。而一旦她的目标没能实现，她就会感到伤心、低落和无助。因为一直想要获得最好的结果，李玟做每件事都要计划很久，所以性格上也有些优柔寡断。

李玟非常聪明，大学毕业后顺利考上了本校的研究生。为了像本科一样取得优异的成绩，李玟在攻读研究生时十分用功，不仅花大量的时间撰写论文，还总想把作业做到最完美。但是研究生的课业比本科复杂，同学们也都比较优秀，李玟的作业虽然完成得很好，但她并不是本专业最优秀的学生。没能做到完美，一直让李玟耿耿于怀。

毕业前夕，李玟开始专心研究自己的毕业论文，发誓要做一个完美的课题研究方案。因为如果无法撰写出一个完美的方案，就无法完成一个完美的课题；无法完成一个完美的课题，就无法完成一篇完美的论文，她的终极目标就实现不了。

结果，由于李玟对完美的极端要求，反而让她开始拖延起来。每当她打开电脑准备撰写自己的方案时，她就会发现自己大脑一片空白。因为她也不知道完美的方案应该是什么样的。于是李玟变得沮丧起来，她觉得自己也许永远无法写出一篇完美的论文，她也无法成为本专业最优秀的学生。

渐渐地，李玟变得郁郁寡欢，她开始深居简出，不再见任何朋友，也变得没有食欲。论文的拖延甚至让李玟产生了自杀的倾向，还是好朋友发现了她异样，开解了她一番，才让她放弃了这个念头。但是李玟仍深陷抑郁的情绪之中，不知如何排解。

李玟是典型的完美主义导致的抑郁症。而完美主义者越抑郁，越会因为没能实现目标而沮丧。这样一来就更容易陷入完美主义与抑郁症的恶性循环中。

完美主义是抑郁的一个重要因素，完美主义者应对负面情绪的方式也与抑郁有着密切的关系。完美主义者应对内部和外部压力的方法、手段或策略，会直接影响完美主义者的心理。所以，想要克服完美主义导致的抑郁情绪，就要调整好自己面对挫折时的心态。

1.学会释放压力

当完美主义者不能很好地处理压力时，就容易产生不良认知，从而导致心理问题的出现。学会释放自己的压力能够减少因完美主义而产生的负面情绪。向身边亲近的人倾诉是一种有效缓解压力的方法，能够释放个体的情绪，把坏情绪赶走。当我们把消极的情绪宣泄出来时，心理负担肯定会大大减轻。

2.建立自信

要多给自己信心，因为足够的信心能够将消极情绪转化为积极情绪。不要把所有的精力都放在未完成的目标上，注意到自己的优点，肯定自己的优势，在失败时多分析具体原因，而不是凭自己的主观判断一味地自我批评。拥有了信心就可以将压力转化为动力，克服自己的自卑情绪，从而更好地克服抑郁症。

3.多与人交往

抑郁症患者通常喜欢封闭自己，不喜欢社交活动，这样会让自己一直处于低落的情绪之中。想要改变这种恶性循环就必须强迫自己多参与社交活动，从朋友、亲人的安慰中获得温暖。人际交往可以让自己的负面情绪被外部环境化解，让自己的情绪重新变得积极起来。

小测试：在你身上存在哪些心理亚健康问题

心理亚健康是指介于心理健康和心理疾病的中间状态。由于压力源和压力强弱不同、个人心理素质差异以及对压力主观评价的区别，每个人心理亚健康的轻重表现也不同。

《症状自评量表SCL-90》是世界上最著名的心理健康测试量表之一，是当前使用最为广泛的精神障碍和心理疾病门诊检查量表。该量表共有90个项目，包含较广泛的精神病症状学内容，涉及感觉、情感、思维、意识、行为、生活习惯、人际关系、饮食睡眠等，并采用10个因子分别反映10个方面的心理症状情况，可以评定一个人是否有某种心理症状及其严重程度。该测验适用对象为16岁以上的人群。因版权问题，本书不提供该量表，读者可以根据自身情况进行测查，或到相关专业医院咨询。

第三章

探究心理根源，看透完美主义的迷障

人格特质：把“完美”当成坚定的信仰

在生活中，完美主义常常会被认为是一种优秀的品质，因为坚持完美主义就意味着追求卓越，意味着对自己有更高的要求。完美主义者会给自己设定更高的标准，不仅可以让自己更有条理性，也有利于追求更卓越的目标。但也有人认为完美主义是强迫症的代名词，完美主义者总是过度纠结自己的高标准，甚至会因为害怕不完美而不敢付诸行动，致使一切停滞不前。

那么，完美主义者究竟是好是坏呢？

简单来说，对完美健康、合理的追求是好的，而苛求极端完美主义则是不可取的。后者有一个明显的特征就是把“完美”当成一种坚定的信仰。对这类完美主义者而言，“完美”是无比神圣的追求，为了掩饰自己的不完美，他们在面对设定的目标时宁愿拖延、回避。

这类完美主义者更关注那些消极面和没有完成的目标，而选择性地忽视已经完成的目标，因为已经完成的目标不足以让他们变得完美。把完美当成信仰的人还会习惯性地因为所谓的“失败”而贬低自己、责备自己，比如“我本该做得更好”或者“因为没有做得更好，所以我是个失败者。”

由于追求完美，怕自己做不好，这类人会一直处于准备状态，最终不仅没有实现完美，还在不知不觉中演变成拖延症。叶琴就是这样一个完美主义者。

认识叶琴的人都知道，她平时说得最多的话就是“再等等”。因为叶琴是一个完美主义者，什么事都希望准备得十全十美再做，比如足够的时间、安静的环境、自己良好的状态等，这些条件缺一不可，不然她就没法安心地开始工作。所以在叶琴看来，只有准备充分才能让她保持全神贯注的工作状态，才可能出色地完成工作。

举个例子，有次领导交代叶琴做个调研，她就花了许多时间和精力查阅各种资料，收集了一大堆信息来做调查问卷。等她开始整理信息时就已经到了领导要求的期限，叶琴除了着急一点办法都没有，因为她的时间都被前期的准备工作给耽误了。

不仅如此，叶琴在开始一项工作后，也会因为自己的完美主义而引发拖延症。因为希望能够一口气完成工作，所以会在意工作中完成得不好的部分，并产生深深的自责感和愧疚感，致使剩下的工作停滞不前。

久而久之，叶琴的拖延症变得越来越严重，她甚至会因为上一次工作做得不好而导致自己能量耗尽，在下一次工作开始时，更加惧怕做得不够好而采取拖延策略。

像叶琴这样的完美主义者就是把“完美”当成了信仰，觉得事情就应该是完美的，如果不能确定自己可以把事情做得完美，她就没有勇气开始。

而在现实世界中，完美是不存在的，完美主义更应该是一种追求完美的过程，而不是追求“完美”的结果。

当完美主义者能够认识到事情永远不可能完美的时候，也许就可以正视自己的缺陷，承认自己的不足，然后一点点提高自己，往完美的方向不断努力，这才是追求完美主义的正确方式。

所以，真正的完美主义，追求的并不是完美，而是无限接近完美，只有坦然认识自己的缺陷，并加以提高和改正才算真正追求完美。

那么，我们该怎样克服由完美主义引发的拖延症呢?

1.设定截止日期

如果没有截止日期，我们很容易陷入一种无限改进的旋涡，感受不到完成一件作品之后的成就感。设定截止日期不仅可以让我们按时完成任务，也是对我们心理的一种保护。

因为很多事都需要经历从无到有的创造过程，如果没有截止日期，就给了拖延症生长的土壤。

2.改变环境

在一个充满干扰的环境中，我们很容易被其他事情吸引注意力，从而产生拖延。因为抵制诱惑本身就需要较强的意志力，当我们处在一个充满干扰的环境中时，我们所有的精力都会被用来抵抗诱惑。所以改变自己的环境，让自己处在一个消耗较少的环境中，可以让我们全神贯注地执行任务。

3.心理的转变

我们要做一个心理上的转变，从我要完成一个完美的东西到我要完成一个不错的东西，其实就是打破我们对完美主义的期望，降低我们的心理预期。用这个方法可以让我们的心理压力减轻很多，全心全意地对过程负责，结果自然水到渠成。

非黑即白：幼儿式的二分法思维模式

二分法思维模式是将所有的事物根据其属性分成对立的两种极端状态，如完美主义者眼中的非黑即白，不完美和完美。二分法思维模式明显忽略了中间状态的存在，也就是灰色地带。但是在现实世界中，灰色地带是常态。在这个复杂的世界里，不是只有“完美”和“不完美”两种极端状态，也不是只有“完美”和“不完美”两种选择，我们还可以选择“最优”和“更好”。

所以，完美主义者要摒弃二分法思维模式，接受不完美的自己，只有这样才能摆脱完美主义的枷锁，回归轻松自由的生活。

小美就是一个被二分法思维模式困扰的完美主义者。

小美是一个自卑的人，她一直觉得自己不够完美，存在缺陷，认为自己做什么事情都是错的，是不被认可的。所以，她很难接受别人的肯定和夸奖，尤其是在心情低落的时候。她甚至觉得别人的夸赞对自己来说是一种负担，而她总是发自内心地不认可自己。

小美的自卑心理在她辞职创业后变得更加严重。小美在公司负责公司微信的运营，而她自己也对自媒体很感兴趣，为了打拼出自己的事业，小美勇敢地选择辞职，成了一个全职自媒体人。但是小美的完美主义让她把注意力都放在粉丝数、转发量和转化率上，每次写文章时就想让这篇文章有超过10万的阅读量。在她看来，如果自己的文章没法让更多的人看到，那么还不如不写。

但是，公众号爆款不是想写就能写出来的。在经历了一段时间的失败后，小美的负面情绪全面爆发，她觉得自己简直一无是处。她常常觉得自己太笨了，什么事都做不成。

一起做自媒体工作的朋友发现了小美的异样，于是安慰她凡事都有一个过程，谁都不是一下子就成功的。一开始的失败不代表一切，这个世界不是非黑即白的。朋友为了鼓励她，还经常给她打赏、给她鼓励，帮她宣传，介绍更多的粉丝关注她。小美在朋友的鼓励下重拾信心。她把自己的精力重新放在写作上，并告诉自己不要急功近利，每个人的成功都有自己的辛苦付出，接受失败和不完美才是接近完美的正确途径。

二分法思维模式就是小美苦恼的根源。在她看来，如果事情没有做到完美，那么一切都是不值得的。

但是，我们生活在一个复杂的世界里，这个世界不只有“成功”和“失败”，还有“走向成功”的状态。所以，我们不应该执着于完美或不完美，而是更应该关注“能解决”和“不能解决”这两种状态的问题。因为只有解决问题才能让我们离完美更近。

所以，我们只有放弃二分法思维模式，不断思考，尽力找到最优的解决方案，才能接近完美主义。

我们该如何克服二分法思维模式呢?

1.摆正心态，不走极端

二分法思维是一种极端思维，这种思维会让我们产生“要么做到最好要么不做的”想法，想要改变这种心态就要学会摆正心态，不走极端。有句话叫“快速试错、快速纠偏、快速迭代”，这既是当今企业的生存之道，也是个人的生存之道。我们只有先着手做事，再不断地进行打磨，才能一点一点地完善，不断接近完美的状态。

2.杜绝“不完美就不做”的想法

完美主义者都抱着“要做就做好”的想法，因为在他们眼中，做不好就意味着失败。但是生活是多元化的，成功与失败也不是只有一线之隔。所以，不要在事情一开始就追求完美，而要在做事的过程中不断趋于完美。

3.重点是解决问题

经营生活的最优方式是解决问题，让生活变得更好。所以，完美主义者要把精力放在解决问题上，摒弃完美主义“非黑即白”的弊端，发挥完美主义的优势。

追求优越感：我必须做到“十全十美”

给自己设定高标准是完美主义者的特点之一，但每个人对高标准的定义不一样，有的完美主义者为了追求优越感会要求自己每件事都做到十全十美。但十全十美本就是一个无法完成的目标，完美主义者如果意识不到这一点，就会因为失败否定自己，贬低自己。

也许有人会问：“追求十全十美有错吗？每个人不都应该追求高目标吗？”追求合理的高目标当然没有问题。社会上那些取得卓越成就的企业家、科学家、艺术家也是因为设定了高目标才激励自己不断努力，最终成就了自己。

但是我们要能分辨十全十美的完美主义与最优结果哪个更重

要。最优从字面意思理解是指在自己的能力范围内取得的最好的结果，这个结果是我们经过努力之后可以实现的。因为最优结果是在预期的范围内，所以我们在实现目标后会获得一种成就感和满足感，而不是由失败感带来的消极情绪。由此可以推断，社会上的成功人士也是获得了属于自己的最优结果，而不是十全十美。

那些追求十全十美的完美主义者最常做的就是不计后果地追求高标准，并根据目标的完成情况来评价自身的价值。小来就是这样一个完美主义者。

小来一直是朋友眼中的“怪人”，因为她太过追求完美，几乎到了一种病态的程度。如果一件事情没有做到她满意的程度，她就会寝食难安，很长时间都心绪不宁，无法集中精力做其他的事。

在小来的观念里，只有十全十美才是真正的完美。工作中，她也是这么要求自己的。比如她打印一份表格，如果发现表格没有居中，她就会重新设置再打印一份；如果同事交给她的文件格式不是按照她的标准设置的，她就会重新修改一遍……

同事为此在私底下给小来取了一个外号，叫她“完美主义来”。小来知道，同事口中的“完美主义”并不是一个好的评价，大家只是用开玩笑的方式向她表达不满。但是小来就是改不了自己对完美主义的执着。

生活中，小来也忍受不了任何不完美。在她看来，破了皮的面包必须丢掉，找不到满意的衣服就不能出门，鞋子沾上一点污渍就不能穿出门……

总之，小来不能忍受自己出任何差错。一旦自己做得不完美她便会烦躁，对自己发脾气，然后不惜一切代价地追求完美。如果不追求完美，她就会耿耿于怀，甚至睡不好，吃不好。

不仅如此，小来还很多疑，特别在意别人的评价。但凡自己犯一点错，小来就觉得别人对自己有负面的评价，并为此惴惴不安。于是，她开始加倍严格地要求自己。

小来对十全十美的追求并没有让她变得完美，反而让她活得很累。她的快乐也非常有限，毕竟能让她满意的事情太少了。小来也认识到完美主义已经让自己疲惫不堪，但是她不知道如何才能走出“完美主义”的藩篱。

小来烦恼的根本原因是她对十全十美的追求。这种没有结果的追求让她变成一个被“完美”操控的木偶，找不到真实的需求，感受不到真正的快乐。

真正追求完美主义的人不会一味地给自己设定超高的标准或遥不可及的目标，那样只会让自己痛苦。所以，想要克服不合理的完美主义，最重要的是调整好自己的心态。

1.客观判断否定的声音

当我们准备做一些事情时，听到一些否定的意见是正常的。那些否定的声音可能是长辈基于自己的经验给我们的善意提醒，也可能单纯是别人对我们的不信任。

不论是哪一种否定，我们都要客观地判断那些否定意见。对于那些合理的质疑，我们要学会将其转变为支持，或者明确自己有哪些地方需要改进。而那些单纯为了否定而否定的声音我们不用理会，有时候这些声音反而能让我们守住自己的初心，不会为了迎合别人而迷失方向。

2. 不要害怕“我不够好”的想法

如果一个人经常有“我不够好”的想法，说明这个人是很有上进心的。“我不够好”并不完全是一种负面的心理暗示，它可以让一个人更加勤奋努力，避免骄傲自大。

但总是觉得自己不够好，就会让人失去自信。这时，我们可以调整自己心态，告诉自己“我不够好，但我在不断进步，所以我会越来越好”。这样就能重拾自信。

所以不要害怕“我不够好”的想法，也不要让它成为自我评价的主导。

家庭根源：喜欢苛责的完美主义父母

完美主义的形成是内因、外因共同作用的结果。据调查研究表明，完美主义遗传给下一代的概率在25%—40%。遗传是完美主义形成的主要原因之一，这就意味着喜欢苛责的父母更容易将完美主义遗传给下一代。

一些心理实验表明，一个人的压力大小与完美主义倾向的强弱成正比。也就是说，一个人的压力越大，其完美主义倾向就越严重。因为一个人如果背负了很大的期望，就会害怕自己做得不够好，受到他人的批评。所以，那些有完美主义倾向的人，要么父母属于完美主义者，要么父母对他们的要求很高，让他们长大后对自己和他人也产生了超乎寻常的标准与要求。

李米觉得自己的完美主义遗传就源于自己的母亲。

李米已经是一个孩子的母亲，但是提起自己的母亲她还是会本能地有些畏惧。母亲的完美主义一直是李米的心理阴影，她因为母亲对自己的高要求曾长期处于自卑之中，甚至一度有自闭的倾向。即使她现在已经长大成人，还是会因为母亲的一个眼神而不停地反思自己哪里做错了。更可怕的是，李米发现自己在母亲的影响下也成了一个完美主义者。

李米的母亲是一所重点小学的老师，她对李米的标准永远是100分。有次，李米考了98分就被母亲严厉地训斥了一番，还罚她把试卷抄了一遍。从此之后，不管付出多大的努力，李米都要考到第一名。因为考不到第一名，母亲就会难过、生气。

长大后，李米明白过来，母亲的高要求是一种病态的完美主义。她很想对母亲说一句："您已经很优秀，不要再追求完美了。"但是，对母亲的畏惧让她一直没有勇气开口。

现在李米已经有了自己的孩子，追求完美反过来变成了她的一个"心结"。她也很喜欢给孩子提出过高的要求，结果孩子没有变得完美，亲子关系却变得紧张了。

有一次，孩子对她说："妈妈，你可不可以不要那么严厉？"

李米这才幡然醒悟，原来在不知不觉间她将自己小时候受过的苦带给了孩子。李米后悔莫及，她决定改变自己的完美主义，多关心孩子的需求和感受。

从李米的经历我们可以看出，一个人的完美主义不仅会影响自己，还会给身边的人带来不小的影响。有完美主义倾向的父母会对孩子有超乎寻常的标准与要求，很有可能让孩子长期处于自卑中；如果夫妻一方有完美主义倾向，那么另一方就可能生活在高压下而觉得无所适从，从而引发双方的矛盾；一个完美主义的管理者也会带给员工极大的工作压力，让职场关系变得紧张……

面对完美主义者带来的压力，我们该怎么做呢？下面以亲子关系为例，我们来探讨该如何克服父母带给自己的压力。

1.建立新的社会关系

在严苛的家庭中长大的孩子其童年大多缺少肯定和赞美，从小就容易不自信、不接纳自己，长大后也会借助完美主义寻找童年缺失的肯定和赞美。他们在为人父母后，甚至会将这种缺失带给下一代，这就是完美主义的延续。

父母无法弥补我们童年的缺憾，我们只能建立新的社会关系来填补童年缺失的爱。相互理解的朋友、情投意合的恋人，甚至配合密切的同事都可以给予我们支持与帮助。我们可以承认被父母否定的痛苦，然后试着用新的充满爱的社会关系治愈自己。

2.严苛并非全是坏处

父母的严苛并不全是坏处，因为严苛往往伴随着高要求，可以帮助一个人在童年时就养成自律、严谨的好习惯。在严苛的环境下生活的孩子也有自己的内在力量和信心，所以不要纠结过去，从现在开始，尽自己最大的努力去利用各种资源学习和成长，这才是弥补自己的最好办法。

心理压力："卓越"是一座永远越不过的高山

追求卓越可以说是每个完美主义者的行为准则，但是有些"卓越"可能永远实现不了。然而，完美主义者在追求卓越的过程中可能不会意识到这一点。因为完美主义总是以美好的愿望作为引导，以"卓越"作为筹码，让完美主义者把所有的精力花费在无法实现的“卓越”上，而无法意识到自己本身的问题。

所以，完美不完全等于追求卓越，而是应该取决于自我认知和自我期望的平衡。如果认知不足而期望太高，那么完美就会变得高高在上；如果认知清晰，期望真实，那么完美就会变成合理的目标，只要努力就能实现。

平衡自我认知和自我期望实质上是自我优化的一个过程。真正的完美主义是自己认为有无限的成长空间，并努力朝着“完美化”不断前进的过程。因此，完美不是盲目地追求卓越，而是一个人不断成长的过程。

程欣就是一个沉迷于追求卓越的完美主义者。

程欣婚前就是一个“女强人”，在一家贸易企业担任销售主管的职位。婚后，为了照顾家庭和孩子，程欣辞职开了一家花店。因为工作时维护了很多顾客，程欣的花店生意一开始就比较火爆。程欣对自己的创业成果也比较满意，花店的服务也得到了顾客的一致好评。但是程欣对目前的状况并不满足，她是一个完美主义者，凡事都追求卓越，所以花店的每项事务她都会按照任务清单一项一项完成，并在完成后再三检查以保证自己没出错。

不仅如此，程欣还会让自己的店员去检查她做完的工作以确保一切无误。店员曾提议反复检查可能会耽误时间，导致花店没有时间上新的品种。程欣也意识到这个问题，但是，不彻底检查每一项工作，就无法让她安心。她控制不住自己花更多的时间在各种流程细节上，就是为了把工作做得更好，让顾客们更加满意。

没过多久，花店开展了上门送花的业务，这样一来程欣就把大部分时间都花在了插花上。每次她都要花好几个小时研究花艺，导致顾客因为等太久不得不取消订单。等到月底结算时，程欣才发现，原本经营不错的花店竟然亏本了，这意味着她的完美主义导致她丢了很多顾客。

程欣意识到这一点，终于开始反思自己的工作方式。为了提高工作效率，她尽量放弃对细节的斟酌。她不知道自己能不能做到，但也只能朝着这个方向继续努力。

程欣的例子告诉我们，一个人如果执着于追求卓越可能会让自己活得很累。因为追求卓越就等于对自身有超乎寻常的期待，这种过高的期待就是让人疲惫不堪的根源。每个人都有自己的缺点和不足，所以过分追求完美是不可取的。

我们该如何克服对完美的不合理追求呢?

1. 去“完美化”

去“完美化”是设定合理目标的开始，所以一开始不要把自己的目标设定得太高，学着把目标分成几个阶段，慢慢去完成，给自己一个循序渐进的过程。此外，在执行的过程中也要根据每个阶段的实际情况，对现阶段的目标去“完美化”。在这个过程中，不断提高自己是一个人成长的关键。

2.承认自己的不足

每个人都有自己的缺点。不承认自己的缺点，求全责备，只会让你陷入痛苦之中。如果可以敞开心扉，全面接纳自我，你会因此变得更优秀，也会收获更多的惊喜。

3.善于做减法

如果对完美的追求让你疲惫不堪，那么你就要反思自己是不是已经偏离原来的目标而在追求无意义的东西。我们要学会做减法，把更多的心思花费在重要的事情上。只有这样分配时间，才能成就更好的自己。

我们拒绝做完美主义者，是为了珍惜生命的每一刻，不执着于无意义的追求，听从自己的内心，找到对自己更有意义的事并为之付出努力。

成功欲望：永远无法满足的欲望会成为执念

对成功的渴求是完美主义者的特质之一，在他们看来，只有强烈的获胜渴望才能引导成功者。一些完美主义者的自我价值完全来自成就，他们不会因为自身的特质感觉良好，他们的自我认同感完全依赖于自己做了什么，完成了多少任务，取得了什么成就。

但奇怪的是，很多完美主义者即使完成了很多任务，取得了不小的成就，还是会认为自己从未获得成功。因为他们已经把成功转变为永远无法满足的欲望。因此，无论取得怎样的成就，他们还是会在自己的成果中看到瑕疵，所以他们无法为自己庆祝。在他们的观念里，他们应该做得更好，只有这样才有机会获得更高的成就。

由于对成功的渴求，很多完美主义者不做到完美就誓不罢休。谢诚就是这样一个追求完美主义的人。

谢诚是一家公司的行政人员。行政工作就是要求细致和规范，作为一个完美主义者，谢诚很好地做到了这两点，所以他在工作上一直表现得很好。虽然谢诚的工作一直受到上司的肯定，但他也有自己的烦恼，那就是作为完美主义者，他对任何事情都不敢松懈，常常拘泥于形式，为了完成一个工作细节，要花费很多时间，导致自己经常加班，这也影响了他的正常生活。因为他经常加班，朋友之间的联系就少了。

谢诚在工作上还有一个问题就是害怕失败。因为害怕自己做不到完美，他更愿意在自己熟悉的领域里加深研究，而不愿意花时间在自己不熟悉的工作上。他不愿意挑战一切自己不擅长的事，因为不擅长会降低成功率，他不愿意冒失败的风险。有一次，上司问他要不要尝试人事工作，被谢诚果断拒绝了。而另一个愿意接受挑战的同事不久就当上了人事主管。虽然谢诚也很懊恼自己错失了升职的机会，但是探索新机遇的风险让他感觉更痛苦。

谢诚不仅要求自身完美，对身边的同事要求也很高。如果同事交给他的报告有错字、漏字或者其他问题他就会不分场合地表达自己的不满，这让同事们都很难堪。谢诚对同事的严苛要求也严重影响了彼此之间的关系。

像谢诚这样的完美主义者虽然渴望成功，但是他们更害怕失败。所以，很多人以为完美主义能够帮助自己取得成功，但事实并非如此。对失败和不能达到自己预期的恐惧，会从一开始就阻碍完美主义者，致使他们选择放弃来规避失败的风险。

我们该如何克服这种心理呢?

1.不要害怕挑战

想要接近完美就不能害怕挑战，因为在挑战中可以不断提升自我，朝着完美靠近。面对任何挑战，都要尽快着手解决问题，比如列出一个问题清单，从最小的问题开始，明确自己面临的挑战是什么，以及需要做什么来对付它们。虽然挑战会降低成功的概率，但也会让你成长，如果一味地逃避挑战，只会让自己困于小天地中，无法接触更多的新事物。

2.明确自己的压力从何而来

完美主义可能来自遗传，也可能来自外界的压力。了解造成完美主义的原因，正确认识自己的压力从何而来，是摆脱完美主义阴影的重要过程。

压力通常分为成就相关和人际相关两种。明确你正处于哪种压力之下，是应对理想化期望的重要的一步。而完美主义者的压力多来自人际关系。因为对完美的渴求，他们容易夸大别人对自己的否定、拒绝等。这种压力无法通过成就的达成来消除，所以对成功的追求也不能摆脱这种阴影。只有改善自己的人际交往能力才能减轻自己在人际关系中的压力。

3.正确认识错误

大部分完美主义者都不喜欢正视错误，他们认为错误只能证明自己能力不足，一点儿小的差错都会给他们带来严重的挫败感，而大的过失会让他们产生更严厉的自我批判。但错误是普遍存在的，也是必要的，因为每个人都是在错误中学习并成长的，只有正确认识错误才能更客观地评价自己，摆脱完美主义带来的负面影响。

失败恐惧：越害怕失败，就越容易面对失败的结局

完美主义者之所以执着于追求成功是源于对失败的恐惧。完美主义者的自我评价依赖于自己的成就，他们不能忍受错误和失败，失败对于他们来说只能证明自己的能力不足。因为一点儿小差错都会感到挫败的完美主义者，在面对失败时只会对自己产生更多的失望和更严重的自我怀疑。

因为害怕失败，害怕被批评，完美主义者会花大量精力掩饰自己的缺点，并在事情开始前就试图有一个完美的开端，最终导致一件事一直处于准备阶段。这都是完美主义者为了逃避负面评价，维持不存在的完美形象而做出的选择。

研究表明，对失败的恐惧不会让一个人变得更加完美，反而会给他带来很多负面影响。因为很多人在压力较小的环境里可以表现得很出色，但是在巨大的压力中就会频频出错。而对失败的恐惧会让完美主义者生活在压抑和紧张的节奏里，引发他们对生活的不满。

对失败的强烈恐惧以及对未来的焦虑，在完美主义者身上容易表现为拖延。黎敏就是因为害怕失败而有了拖延的毛病。

黎敏一直觉得自己是竞争心态的受害者，从学生时代起，她就用成绩去衡量自己和别人的差距。父母也会给她压力让她

去竞争，用尽全力脱颖而出。自然而然地，她变成了一个只能接受成功而不能接受失败的人。

毕业后，黎敏成了一个室内设计师，有竞争心态的她取得了非常耀眼的成绩。她设计的作品不仅获得了业内的赞赏，还获得了很多大奖。黎敏有名声后就创立了自己的工作室，接到了不少订单。

但是获得成功后的黎敏却开始变得拖延。因为害怕失败，黎敏在设计前总有各种各样的顾虑，一会儿害怕自己的设计不出彩，一会儿又害怕顾客修改要求。每次作图之前，她都要花很多时间在网上搜索，也不是为了找灵感，就是为了打发时间。有时候，她还没找到灵感，一天就过去了，只好等第二天重新开始。

就这样，黎敏的工作节奏被严重拖慢，有时候她要加班到半夜才能完成一天的工作。很多时候，她的作品都是在截稿期前才完成的。拖延的习惯常常让黎敏感到焦虑不堪，但是她对自己的期望值太高，每次都希望自己做得比上次好，所以每次开始工作时都很迟疑，害怕自己没达到预期的标准。

拖延的习惯给黎敏带来了很多麻烦，甚至开始影响她工作室的运营，但是黎敏不知道该如何改变自己。

很多人以为完美主义能够帮助自己获得成功，但是从黎敏的例子中我们可以看到事实并非如此。对失败的恐惧、对不能达到完美标准的担心，甚至会阻碍完美主义者开始做一件事，导致他们会通过不良的应对机制来面对压力，比如回避。

1. 接受不完美

一般来说，越是坚持完美主义的人在面临选择时越容易倾向于规避风险，而不是考虑自己的兴趣。因为对成功的渴望更迫切，他们对失败的恐惧也就更强烈。但是，完美主义者即使因此获得成功，也无法感到快乐。因此，他们对自己有几乎不可能达到的高标准，往往不会轻易认可自己的成功。

所以，无论是为了自己的心理健康，还是为了真正接近“成功”，我们都需要试着接受自己的不完美。这样我们才能选择自己感兴趣的事，从中获得快乐。

2. 试着接受失败

假如你只以成败论英雄，那么在失败后就只会关注自己做得不够好的地方，然后自责不已，别人的称赞也无法拯救你对自己失望，这样你很有可能进入负面的完美心态模式。

假如你可以试着接受失败，不再轻易地批判自己，也会为自己的成绩感到开心，你的心态就可能转向健康的完美心态模式。

3. 学会从小事做起

那些获得成功的人一般会把心思放在实践上。他们会从基本的方法做起，通过不断学习，提高自己的技能，然后总结研究自己的不足，确定下一步的行动。这种坚持和努力会在某个时间爆发，让你最终获得成功。

如果你对自己目前的计划感到不满意，那么就从小事做起，比如读一本有价值的书，上一门实用的网课等。完成小目标不仅可以增强自信，也可以为完成大目标积累资本。

创伤性经历：幼年的遭遇会留下伤口

前文提到遗传是完美主义形成的内在因素，一些研究也发现追求完美、过严要求的父母会导致子女产生完美主义。完美主义父母的家庭教育一般有以下几种情况：父母双方都是完美主义者，共同对子女产生影响；虽然父母有一方不是完美主义者，但是双方达成共识，实施完美主义教育；或者完美主义的一方在教育子女时起主导作用。

不论是哪种情况，在家庭教育中占据主导地位的完美主义者会持有严格的是非标准和规则刚性，要求家庭成员绝对服从，否则将施以严厉的惩罚。在这种情况下，家庭会被严肃的氛围所笼罩：宽容、忍让和笑声较少，更多的是指责、命令、强迫等。这既为子女起到示范作用，也为塑造子女的完美主义性格创造了条件。

研究表明，以下4种教育方式会促进儿童早期完美主义的形成：

1.过度指责、过度严格的父母；

2.父母的期望与标准极高，间接指责；

3.父母对子女缺乏认同，或者认同不一致、有条件；

4.完美主义的父母进行完美主义态度与行为的示范。

一方面，父母对子女要求完美的背后，除了希望子女成才，还投射了自己对压力和未来的恐惧与焦虑。但如果父母长期对子女要求过高，很可能会导致子女自卑的心理，从而过分在意周围的评价，不能接受挫败或错误，因此放弃目标，有的孩子甚至会产生抑郁、自闭的情绪。

另一方面，父母对子女的完美要求，会让孩子的注意力更多地放在他人和社会行为准则，而忽略自身当下的情感状态和需求，在人生的关键选择点，比如事业、婚姻等，容易出现焦虑和选择性障碍。

小帆的父母都是完美主义者，这导致她整个童年都是在父母的批评中度过的。

小帆记得小时候她在父母面前一直都是小心翼翼的，因为父母不允许她犯一点儿错。只要她做错一点儿事，不论在什么场合，父亲都会批评她，还会在事后不断提起。所以，小帆做的每件错事在父母眼里都是污点一样的存在，无论她事后怎么做都无法弥补。

父亲在学习上对小帆要求很高，不论是文化课还是交际能力，父亲都希望小帆是表现最优秀的。但小帆并不是全能的，她虽然学习成绩名列前茅，但是她并不擅长交朋友，在小帆看来交朋友也是需要天赋的。但是父亲并不理解她，每当小帆跟同学产生矛盾时，父亲不会鼓励她，而是指责她交际能力太差，不懂得反思自己。

小帆就这样一直被比较，好像不管她怎么努力都有不如别人的地方。好的成绩和自律没有给她带来一丝成就感，反而是挫败感伴随着她长大。

小帆在这样的家庭环境下长大，从小就谨小慎微，凡事都想做到完美，以致很多事她都不敢尝试。长大后的她甚至觉得自己变成了一个适应不良的完美主义者。

后来，小帆做了母亲，她下定决心不做完美主义的母亲。她最大的愿望就是孩子能健康快乐地过一生。

完美主义情结对子女的影响很大，小帆就是典型的受害者。在父亲的教导下，她变得自卑胆小，害怕失败，最终成了一名适应不良的完美主义者。

但是父母的完美主义对一个人的影响也不是不可改变的，可以试着从以下几点做起。

1.把注意力放在自己身上

比起别人的评价和父母的期待，我们更应该关注自己的想法，我们想拥有什么，想成为什么样的人，都是我们在成长中需要不断思考的东西。只有把注意力放在自己身上才能摆脱父母对自己的影响，发掘自己的能量，过上属于自己的人生。

2.设定自己的目标

很多人不知道自己真正想要的是什么，而完美主义者更是盲目地追求成功，所以他们一直在追逐、焦虑。而那些能真正获得成功的人，通常早就明确了自己想要什么，并且不会被他人的意见所左右。

我们想要获得自己期望的成功，先要设定自己的目标，并将目标分成阶段性的成长目标，然后在每个阶段只关注当下的重点目标，把其他目标放在以后的阶段再追求。只有设定属于自己的目标，我们才能保持专注，而不去与别人比较。

小测试：测一测你的完美主义人格特质

对适应性完美主义者而言，“完美”实际上是一种夸大的表述、一个较高的标准。但非适应性完美主义者对于完美的需求已经超过合理的程度，他们不能容忍一点瑕疵和失误，这会阻碍他们的表现，也会阻止他们合理地评价自己。

以下几个特征可以测试你的完美主义是否超过界限，成了非适应性完美主义。

1. 你会将错误视为自己不足的证据？

A. 符合　　B. 比较符合　　C. 不符合

2. 你不会庆祝自己的成功？

A. 符合　　B. 比较符合　　C. 不符合

3. 你的自我价值感取决于成就的大小？

A. 符合　　B. 比较符合　　C. 不符合

4. 你不仅要求自己做到完美，还要求别人也做到完美？

A. 符合　　B. 比较符合　　C. 不符合

5. 你不会尝试可能会引发失败的事物？

A. 符合　　B. 比较符合　　C. 不符合

6. 你对自己的生活总是不满意？

A. 符合　　B. 比较符合　　C. 不符合

7. 你会花很长的时间来完成一项任务？

A. 符合　　B. 比较符合　　C. 不符合

8. 你的精神健康已经因为完美主义而受影响？

A. 符合　　B. 比较符合　　C. 不符合

解析：

选择A得2分，选择B得1分，选择C得0分。

测试结果为0—6分：完美主义倾向不严重。

测试结果为7—10分：有一点儿完美主义倾向，比较注重细节。

测试结果为11—14分：完美主义倾向严重，不仅自律，对身边的人也有很高的要求。

测试结果为14分以上：非适应性完美主义，苛求完美，已经让自己的生活陷入纠结的状态。

第四章

调整自我认知，接纳不完美的自己

扭转“完美型人格”：接受平庸的自己

很多人喜欢把人生比喻成一场比赛，所以有“不能输在起跑线上”的说法。每个人都希望自己能够在人生的这场比赛中获得成功，变得优秀、卓越，所以很多人害怕平凡，尤其对于完美主义者来说，平庸也许就是他们最大的噩梦。

虽然每个人都有美好的追求，希望自己的生活能够完美，但是这个世界上的大多数人都是平凡的人。即使无法实现自己的理想，也要学会慢慢调整自己的心态，最终接受平凡的自己。但是完美主义者对自己的高标准和高要求，让他们无法接受自己的平凡。在面对不完美时他们选择的不是泰然处之，而是患得患失，陷入对完美的执着追求。

但是平凡就代表一无是处吗？当然不是。

平凡不是失败也不是碌碌无为，而是一种对人生更平和的追求方式。平凡并不是一无所获，我们在平凡中不断努力也可以让自己想要的东西一点点走进自己的生命里。一个人真正变得成熟是从接受自己平凡的那一刻开始，能够接受平凡并享受它，才能学会与自己的人生和解。

乔欣虽然是一个完美主义者，但是在人生的感悟中也接受了平凡的自己。

乔欣的父母都是中学老师，一向自律、严谨。受父母的影响，乔欣对自己的要求也很高。从小乔欣就知道用名人名言激励自己，还在自己的日记本上写了一句话：“将来的我注定不凡！”

读书时乔欣的梦想是考上北大、清华，成为一名科学家，在实验室里做着精密的实验，用自己的实验成果改变世界。但是18岁的时候乔欣只考上一所普通的大学，学了一个普通的专业。毕业后，她自然没有成为自己梦想中的科学家，而是在一家公司里做一份普通的人事工作，平时的主要工作是负责招聘，即接待和面试那些应聘人员。

乔欣是一个完美主义者，所以她的工作做得非常细致，也帮公司招聘了很多优秀的员工。但是对乔欣来说现在的生活太普通，和她的理想差距太远了。她觉得自己不应该过这种平凡的生活，但是她已经无法重拾自己的梦想，所以她把自己的梦想寄托在孩子身上。

但是，孩子并不愿意接受乔欣的高压教育，经常跟她对着干，还经常逃补习班的课。因为乔欣给孩子的压力太大，搞得家里争吵不断。后来丈夫看不过去了，劝乔欣：“我们两个做父母的都是普通人，何必要求孩子一飞冲天呢？你把自己的梦想寄托在孩子身上是一种自私的行为，你应该多关心孩子需要的是什么。”

乔欣听了丈夫的话，回想起自己的人生历程。她发现自己确实只是一个普通人，没有拔尖的学习成绩，没有独特的工作，但是自己的家庭也算和谐温馨，何必为了无法实现的梦想而打碎眼前的幸福呢？

乔欣终于承认自己不过是个普通人。她为生活忙碌，做着平凡的工作，过着平凡的生活。但是她也拥有属于自己的幸福，生而平凡，是绝大多数人的本色。

我们不得不承认在这个世界上大多数人都是平凡的人，成功的人不过是凤毛麟角。像乔欣一样承认自己的平凡也没有想象中那么痛苦，也许还能发现属于自己的小幸福。

我们为什么那么害怕平凡，因为有时候我们对“不平凡”的追求不仅来自内心，还来自外界的压力。社会对成功的评判裹挟着我们不停地追求完美，但是作为平凡的一员，盲目地追求成功只会给我们带来痛苦。只有懂得放弃虚无缥缈的完美，我们才能在平凡中感受到真切的快乐。

1.接受自己的平凡

也许“不平凡”不是我们追求的目的，它只是人们对幸福的一种主观定义。但是幸福不只有成功这一种，温馨的家庭、喜欢的工作、知心的朋友都是属于普通人的幸福。

即使我们一时无法转变思想，还是不甘于自己的平凡，也要学会慢慢地调整心态，换一种更为平和的追求成功的方式，也许在慢慢积累中，想要的成功也会一步步实现。

2. 勇敢面对挫折

每个人的生活都不可能一帆风顺，遇到挫折是在所难免的。但正是生活中的挫折让我们在纠错中一点点成长，最终成为强大的自己。所以，无论是事业不顺，还是生活中的坎坷，我们都应坦然面对，积极改变，挫折带给我们的历练是宝贵的财富。

构建一个螺旋式上升的“认知连续体”

认知连续体是工程心理学里的一个理论，指决策过程是一个从直觉到分析的认知连续体，加工可能是在直觉和分析之间快速振荡的过程。直觉过程的特点包括低控制、低意识水平、快速加工和对结果的高度自信；分析过程的特点是高水平的认知控制、低速加工和对结果的低自信。

简单来说，人类做决策就是从简单直觉到高水平分析的过程。前文提到，完美主义者容易陷入“非黑即白”的认知误区，对事情的评价容易走极端，不是成功就是失败，不是好就是坏。但实际上，很多事不是“非黑即白”，而是属于“不好不坏”的中间地带。

认知连续体理论引导人们在思考问题时不要走极端，让自己对事情的评价更为客观，更合乎理性。

罗安就是一个从极端思维走向客观的典型。

罗安的父亲是一位研究古代文学的教授，在古代文学领域有很高的声誉和影响力。罗安的父亲希望他能子承父业，在古代文学领域有所造诣，于是对他的语文水平要求非常高，甚至要求他的语文成绩必须是全班第一。但是罗安对语文并没有那么大的兴趣，相比较而言他更喜欢数学。因为数学老师不仅风趣幽默还喜欢鼓励罗安，不像父亲只会打击他。

虽然罗安不喜欢语文，但是他的语文成绩一直是全班第一，因为在父亲的影响下，罗安也有了“非黑即白”的思维模式，如果他的语文没有考第一名，就意味着自己的语文没有考好。

渐渐地，罗安这种“非黑即白”的思维扩展到了生活的方方面面。这导致他虽然很喜欢数学，但是读大学时还是选择了文学专业，因为他的数学并没有考到第一名。这种思维让罗安很容易走极端，所以他在读大学时没交到什么朋友，因为他总担心自己做不好，每次跟别人沟通时都觉得自己没有表现出最好的状态。罗安慢慢失去自信，变得内向起来。

还好罗安的母亲一直比较支持他。母亲的教育理念跟父亲不一样，她一直教导罗安，只要尽自己的努力就好，世界上的事不是只有好跟不好两种判断。罗安在交友中遇到挫折时，母亲也是这么教导他的。在母亲的鼓励下，罗安获得了一点喘息的机会，告诉自己虽然没有做到最好，但也不是最糟糕的。罗安也慢慢摆脱了父亲那种完美主义带给自己的影响。

罗安“两极化”的认知模式给自己的生活带来了消极的影响，最后他摒弃了这种思维模式才没有陷入完美主义的旋涡。

下面给大家分享一个认知连续体技术的实用方法。认知连续体技术主要用于矫正黑白思维或两极化思维，因此在操作中需要用一个坐标轴来表示黑白思维的两极观念。

1.画一个糟糕的指数坐标轴

首先画一个带刻度的坐标轴，坐标轴刻度范围为0—100%。100%表示最糟糕的情况，0表示一点也没有，中间的数值表示糟糕的程度。

2.分析目前糟糕的指数

对自己面临的糟糕情况估计一个分数，然后在坐标轴上相应的位置做一个标识。

3.找出一件更糟糕的事

假设一个比目前更糟糕的情况，并对更糟糕的情况进行评分。在此基础上对原有的评分进行调整，这时你会发现，自己原来对事情糟糕的情况评分偏高，需要调低一些。

4.重复第三步

重复第三步操作，不断给出比刚才糟糕的情况更糟糕的情形，然后评分，并不断调整自己的评分。经过很多次重复后，最终的结果也许没有那么糟糕，你会对目前的情况有一个更合适的定位。

自我评价：认识到自己身上有价值的部分

完美主义者经常会“以成败论英雄”，也就是根据目标的完成情况来评价自身价值。不仅如此，如果没有实现自己设定的高目标，他们还会因为所谓的“失败”贬低自己。

这种自我评价方式不仅是武断的，而且是有害的。因为没有人可以做到不犯错，即使最优秀的人也有失误的时候。比如最优秀的演奏家在演出时也有可能出现小的失误，但我们不能因为一个小的失误而忽略演奏中出色的地方，也不能因为一个小的失误而否定整场演出，更不能因为这个小的失误否定演奏家的价值。

自我价值感是个体在社会生活中的情感体验，是基于自我意识的评价。那些能够正确认识自身价值的人在出现失误后，会用合理的方法进行纠正。他们不会因为一点儿不完美就否定自己，而是会在不完美的表现里找到自身的价值与满足感。所以，一个人的价值并不由是否成功来决定，一个人的自我价值既包括个人的成功，也包括自我的实现，既包括个体人生目标的实现，也包括对社会的贡献。

而一个人的成功并不是一蹴而就的，我们在迈向成功的过程中会面临很多意想不到的波折，经历许多次失败。如果失败一次就否定自我价值，那么我们有可能永远无法成功。我们必须客观地评价自我，才能在失误中不断进步，离成功越来越近。

肖铭就曾是一个自我价值感很低的人。

肖铭是从小城镇出来的孩子，凭借自己的努力考上了国内数一数二的大学。但是走进大学校园的肖铭却发现大学生活对他来说却成了自卑的开始。

肖铭从小学到高中一直是全校第一，他对自己的成绩一直自信满满，但是到了大一的第一学期，他成绩急速下滑，连班级前10都没排进去。从那以后，肖铭就开始怀疑自己的能力，他觉得成绩不好，自己也没什么价值了。肖铭开始变得自卑，跟同学交流时说话声音很小，还怕自己的表达能力不好。

自从进入大学后肖铭的归属感就很低，陌生的环境加剧了他的焦虑情绪。因为他不善交流，也不愿意跟人交流，所以他无法从外界获得有效的帮助，慢慢变得有些自我封闭，一头埋在学习里。但是肖铭的学习方法比较死板，他认为只要花更多的时间在学习上，就可以提高自己的成绩。但是事实不如他所愿，努力了一学期后，肖铭的成绩进步并不明显，因为他不愿意涉猎书本以外的知识，所以整体分数不高。

大二时，肖铭的情况变得更严重，自我价值感也降得更低，每天的情绪都很低沉。辅导员发现了他的情况，开导他说："一个学生的自我价值不完全取决于成绩，你也不应该把大学当成一个学习书本知识的地方。大学培养的是一个人的综合能力，只有让自己全面发展，大学教育才有意义。"

肖铭听了老师的建议，开始试着加入社团来锻炼自己的交际能力和组织能力。参加社团活动后，肖铭交到了更多的朋友，跟朋友一起参加的活动也让他增加了自信。虽然自己不像以前那样把时间都花在学习上，但是期末考试时，肖铭发现自己的成绩竟然提高了。

肖铭不再动不动就否定自己，充实地过完了自己的大学生活。大学毕业后，肖铭找到了一份理想的工作。他吸取以前的教训，再也不因为一点儿小错误就否定自己的价值。

肖铭的自我价值感低是因为陷入了一个误区，即一个人必须足够优秀，有很多优点和成就，自我价值感才高；一个人如果有明显的缺点和不足，自我价值感就低。这是一个很常见的误区，实际上，自我价值感的高低，虽然与个人的成就有关，但最重要的还是要学会尊重自己、爱自己。

我们该如何提升自我价值感呢？

1.学会内观

很多人不知道自己产生价值感低的原因，这时可以试着回想那些让自己特别介意的人或事，总结自己在事件中的感觉或者表现。当你发现事情没有自己想象的那么严重时，就不会让这些事困扰自己了。

2.从力所能及的小事做起

我们可以从力所能及的小事做起，提升自我价值感。写下几个自己可以完成的简单的目标，在完成目标时打钩，可以提升自信。也可以在每天结束的时候，写下一天中值得骄傲的事。还有，做任何事都要尽自己最大的努力，即使是简单的事，只要努力了也可以提升自我价值感。

扭转“低自尊人格”：你不必盲目迎合他人

低自尊者一般都缺乏基本的自信，自我评价低于自己的实际能力，而且不太相信对自己的判断，对人际关系也比较敏感。

自尊强有力地影响着人们的期望、行动以及对自己和他人的评价。高自尊的人自我认可程度很高，有很强的自信心，倾向于把成就归功于自己的能力。低自尊的人恰恰相反，他们自信心低，经常反思自己的不足，把事情往坏处想，而且付出的努力较少。低自尊者的自我评价往往很低，他们认为只有低的自我评价才能安心地生活，骄傲与满足会让他们感到焦虑，这种焦虑的情绪也会让他们缺乏安全感，无法享受人生。

通常低自尊的人会过分专注不被接受和拒绝，这又进一步削弱了他们的自尊，形成恶性循环。低自尊的人会抗拒变化，也不能接受别人对自己的正面反馈。所以，当他们面临的任务充满挑战时，他们通常不愿付出努力而是选择放弃，因此他们在学业、事业中取得的成功也较少。

安安就是一个典型的低自尊者。

因为父母工作比较忙，安安从小跟着外婆长大，所以她跟父母的关系比较疏离。安安的外婆曾经是一个小学老师，因此对安安极为严厉。有一次，安安打碎了一个盘子，被外婆罚站了一下午。

在这样的家庭教育下，安安变得很没有自信，就算自己取得了好成绩也不敢炫耀，因为在外婆看来那是理所应当的。如果安安对自己的好成绩感到自豪，下一刻她就会担心如果下次她考得不好该怎么办？

上大学时，安安的专业成绩不错，还在期刊上发表了自己的论文。老师们都对她很赞赏，鼓励她去读研。但是安安想的不是自己有多么出色，而是开始焦虑，如果下一篇论文不能发表该怎么办?

工作后，安安也不敢坦然地接受上司的表扬。有一次，她在年终获得了优秀员工，上司很高兴，让她在年会上发表感言。结果安安没有提到自己的成绩，反而不停地检讨自己，说自己还存在哪些不足。一开始大家都以为安安只是谦虚，后来发现她是在认真检讨就有些尴尬，觉得安安在含沙射影地说自己。之后，安安跟同事间的相处就比较尴尬了，因为大家都不知道该不该表扬她。

没多久，安安就辞职了。但是，她在新公司里又遇到了同样的问题，低自尊让她不能如实地反映真实的自我状态，即使她表现得很好也不敢表现出自己的自豪和满足感，同事们都觉得她有些奇怪。于是，安安在新公司里也面临人际关系的危机。

安安的一系列表现都是低自尊造成的。低自尊的人容易对自己抱有负面的看法，怀疑自己的能力，害怕失败，所以充满被动和疲倦感，无法与他人建立健康的人际关系。

1.尝试解决问题而不是改变情绪

情绪是以个体愿望和需要为中介的一种心理活动，不论好的情绪还是坏的情绪，我们都无法让情绪消失。所有针对情绪问题的措施都只能缓解问题，而不能解决问题，而问题才是情绪产生的关键。

所以，不要过分看重自己的不良情绪，而要学会发现自己的问题，并把这些问题列出来，一条条改正。比如你不擅长交际，就可以从简单的事做起，学着微笑与人交谈。如果没有自信，就鼓励自己多表达，当你获得的肯定多了，自然就会变得自信。这样慢慢改变，总有一天你会变成自己希望成为的那个人，从根本上解决低自尊的问题。

2.学会接受正面反馈

低自尊的人通常不愿意接受批评，觉得批评就是在攻击自己，即使是正面反馈他们也不愿接受。为了避免被批评，他们还会用批评别人来取胜，因而常常使人际关系变得紧张。

但是只有接受正面反馈一个人才能持续进步，提高自己。所以，不要把别人的意见都理解为攻击，正确地看待批评，让自己听取有益的建议，才能让自己在进步中提高自尊。

悦纳自己：接受真实而有瑕疵的自我

有强烈自我价值感的人有一个共性，那就是可以接受自己的缺点和不完美。这也是高自尊者和低自尊者的最大区别。高自尊的人一般自我评价比较高，他们懂得欣赏自己。他们认为每个人都是独一无二的个体，自己和任何一个人都不同，所以不能用恒定的评价标准来评判一个人有没有价值。

那些不能正视自己的短处和缺点的人大多是因为过分追求完美，所以对自己的能力持谨慎态度，这就容易导致对自己的缺点过分敏感。另外，对自己的缺点敏感也可能是因为对自己的要求太高，一旦达不到自己定的高标准就会觉得自己能力不行。这很有可能会导致自卑，使其变成低自尊者。

但是人无完人，每个人都有做错的时候，不能因为一个人的错误或缺点就完全否定这个人的价值。我们应该正视自己的短处，也应该注重自己的长处，因为长处才真正代表自己的能力。“扬长避短”可以给人带来自信，而强烈的自尊心有助于发挥潜力，发展健康的人际关系。想要努力成为理想中的自己，只有接受自己，才能真正地尊重自己。

安捷就是一个典型的高自尊者。

安捷在一个开明的家庭中长大，从小父母就不怎么约束他，甚至鼓励他做的一切决定。这让安捷变成一个极度自信的人，从小他就觉得自己是最优秀的、独一无二的，没有人可以跟他相提并论。安捷的自信也不是盲目的，他确实是老师眼中最优秀的学生，不仅学习成绩优异，而且奇思妙想很多，有时候还能给老师带来很多启发。所以，几乎每个老师都很喜欢安捷。过度的自信也曾让安捷吃过苦头。在一次期末考试前，爸爸要去安捷很向往的一个城市出差，安捷非要请假跟着爸爸去玩。爸爸担心他的考试，一直没答应，直到安捷保证自己能考第一名，爸爸才答应他。

但是那次安捷并没有考第一名，而是考了班级第五名。不需要爸爸妈妈提醒，安捷整个寒假都埋头学习，他明白了一个道理，自己的优秀不是理所当然的，而是通过自己的努力获得的。安捷虽然受了打击，但是父母都没有批评他，而是安慰他，受点挫折就知道自己的短板在哪儿，就能继续进步了。

在这样的家庭环境中长大，安捷的心态一直是自信而健康的。长大成人后，他也一直坚信，每个人都应该接受真实而有瑕疵的自我，只有懂得爱自己、欣赏自己的人，才能实现自己独一无二的价值。

安捷的故事告诉我们，世界上没有完美的人，也没有完美的事，不要去追求尽善尽美，因为缺陷始终存在。接受缺陷才能真正地接受自己，接受现实，这也是消除负面情绪、改变自卑心理的途径之一。

1. 了解自己

了解自己，发现自己的个性和天赋，你才能认识到自己的独特，更尊重自己。了解自己的途径有很多，我们可以列出对自己来说重要的人和事，明确自己真正喜欢的、需要的是什么。尝试参加不同的活动，确定自己的情感需求类型，发现自己喜欢和讨厌什么样的社交和人际关系。

我们还可以试着记录自己的感受，敞开心扉，诚实地与自己交谈。在遇到问题时冷静下来，向自己的内心征询建议，明确自己应该把生活的重心放在哪儿。

2.尊重自己

我们可能不会对别人恶语相向，贬低别人，但是我们有可能贬低自己，看轻自己，主要原因是我们对自己的要求太高，希望自己能做到尽善尽美，所以对自己的错误会过分敏感。但是无论自己犯了什么错误都不要轻易地看轻自己，那样没有任何帮助，只会让你感觉更糟。

我们应该学会尊重自己，客观地评价自己，多关注自己取得的成绩，不要盲目听从别人的意见和评价。

3.锁定目标

一个人的自信往往源于自己的进步，即使是在错误中产生的进步也可以提高自信心。所以，不要关注自己不能改变的地方，而要把精力放在那些可以改变的地方。花时间仔细考虑自己最想提升的地方，并记下自己的进步，哪怕很小的进步也是值得鼓励的。一个人只有提升自己，努力成为自己尊重的人，才会变得越来越自信。

自我批评：坦陈自己的缺点和不足

完美主义者一般不愿意面对自己的缺点和不足，因为这和自己追求的完美相悖。完美主义者也会进行自我批评，但是他们的自我批评是因为没有完美目标的一种自我否定，而不是对自己缺点和不足的一种客观认知。

因为完美主义者在追求目标的过程中经常不考虑消极的后果，所以容易从积极追求完美过渡到消极完美主义。比如一个人想要减肥，却因为对完美的身材要求太高，减肥过度损害了健康。这就是完美主义导致的消极后果。

面对这样的失败结果，完美主义者就会进行自我批评，对自己的过失产生懊恼或内疚的情绪，认为自己愚蠢或没有价值。但是，错误总是在所难免的，一件事即使结果是完美的，也不代表中间过程不出一点差错。错误可以让我们学到经验，也可以帮助我们成长。

没有人是十全十美的，每个人都有可能犯错，一点儿小错误并不影响我们的人生价值。承认自己的缺点和不足代表承认自己的不完美，但并不意味着承认自己的能力不足，反而是拥有健康自尊观的证明。

要坦然地面对自己的缺点和不足就要原谅自己的不完美。不要因为自己的错误而否定自己，因为行为和自我价值之间没有直接的联系。学会接受自己的缺点，但不要为过去的错误感到内疚。愧疚感不会改变过去，也不会使自己成为更好的人，所以没必要耿耿于怀。

怡然是一个有点儿自卑的女孩，一直都很害怕面对自己的缺点。

怡然读大学时申请了贫困补助，因此一直有些自卑，怕同学们看不起自己。她平时跟同学们的交往也不多，因为要利用课余时间做兼职，所以大多数时间她都是一个人来去匆匆。怡然从一个小山村到大城市来读书，要适应的地方有很多，但是她没有时间去欣赏这个花花世界，她把所有的精力都放在了打工上。怡然也没有很多时间跟室友们相处，在她看来，自己跟室友没有什么共同话题。室友的家庭条件都不错，每天聊的都是电视剧、化妆品、恋爱之类的话题。怡然觉得自己什么都不懂，也没机会去谈恋爱，所以她从不加入她们的话题。但是怡然不知道，在室友眼里她是一个聪明勤奋的女孩，平时不跟她们聊天肯定是觉得话题无聊。但是因为自卑，怡然不怎么跟室友们交流，自然也不知道大家对她的肯定和赞赏。

怡然作为一个贫穷家庭的孩子想要改变命运，读书对于她来说是唯一的出路。怡然顺利毕业后，带着名校的光环找到了一份很好的工作。她还是习惯和他人进行比较，因为自己的自尊心总是隐隐作祟。

工作后，怡然还是有些自卑，犯了一点儿小错误就胆战心惊。直到有一次，上司跟她谈心时对她说："你是一个非常优秀的女孩，聪明努力，有上进心，就是太害怕面对自己的缺点。缺点并不可怕，改正就好了。如果你一直逃避，不敢坦然面对，那么就永远改正不了。"

怡然听了上司的话，知道自己还是没有摆脱自卑的影响。她怕同事看到自己的自卑、胆小，所以一直逃避自己的缺点，凭空增添了很多烦恼。经过上司的开导，怡然稍微想开了一点，她学历好又聪明，为什么不把精力都花在工作上，通过努力来证明自己的实力呢？每个人都有缺点，别人都能坦然面对，她一定也可以。

怡然不敢面对自己的缺点是因为特别想证明自己的价值，维护自己好的一面。对"好"的执着，让她的自我价值评价出现了偏颇，认为只有"好"才是自我价值的体现。当她有缺点、出现问题、比不上别人时，就会选择逃避，缺点也就成了她最害怕面对的问题。

实际上，缺点并不可怕，而且是必然存在的。那么我们该如何面对自己的缺点和不足呢？

1. 不要逃避

既然缺点是客观存在的，即使自己不想面对也不能逃避，那还不如坦然面对。只有正视自己的不足，才能有意识地慢慢改正，这样一来，缺点也会慢慢变成自己的优点。

2. 试着改变

一些小的缺点可能不需要改变，但是如果自己的缺点已经影响到正常的生活，比如导致自己在工作上出现重大的失误，那么就要下定决心把这个缺点改正。在你努力的过程中，也许会接触一些新知识，从而收获一个崭新的自己。

3. 尝试去做自己没做过的事

不敢面对自己的缺点最直接的原因是胆小，要改变自己就要大胆地尝试一些自己没做过的事情，或是不敢去做的事情。比如一个人去旅行，在公共场合演讲，或者在公司年会上表演节目等。这些尝试都可以消除自己心中的“恐惧”，那么直面自己的缺点也就不是难事了。

学会“内省”：找到自我完善的途径

内省是心理学中一个基本的研究方法。内省法又称为自我观察法，是对自己的主观经验及其变化的观察。因为内省的主观性，心理学界也长期存在它是否客观、是否可靠的争论。另外，内省也可以看作自我反省，类似儒家强调的自我思考。

自从构造心理学把心理学的研究对象定为直接经验后，内省法便成了心理学研究的基本方法。但行为主义心理学否定了对意识经验的研究，等于完全否定了内省法。到20世纪50年代后期，随着认知心理学的兴起，意识又被带回心理学中，自我观察法重新受到心理学家的重视，并获得了新的发展。

内省法早已有之，以孔子为代表的儒家文化就提倡内省以观察自己的思想、言行有无过失，以达到自我的完善。儒家从曾子开始便很注重这种内心的道德修养。曾子要求人们“内省”“自讼”。

内省是自我认识的一种途径，对研究人的心理有重要的辅助作用。因为人的外部行为和内部的心理活动联系紧密。但是，人的自我观察是主观且不全面的，因此自我观察法必须跟其他客观研究方法相结合，这样才能在心理学研究中发挥其应有的作用。

内省法有两种方式：

1. 自我观察法

自我观察法也叫自我内省法，是指个人凭借非感官的知觉审视其自身的某些状态和活动以认识自己。

2. 实验内省法

实验内省法要求被测试者报告自己的心理活动，然后通过分析报告资料得出心理学结论。在心理学研究中通常采用后者，因为后者相对来说更加客观。

安芸就是一个不懂内省的人，凡事都只会从别人身上找问题。

安芸最近打算辞职。因为跟同事之间发生了一个小矛盾，她就觉得自己每天上班都心情沉重，觉得工作没意思，也学不到什么新东西，不如辞职。这已经是她毕业一年以来换的第三份工作，朋友让她冷静一下，毕竟总是换工作对自己的发展不好。但是安芸也听不进朋友的意见，还跟朋友吐槽公司里的各种问题，比如领导严苛，同事不好相处，客户比较难缠，等等。总之，说来说去都是别人的问题。

朋友忍不住问她："你自己就完全没有问题吗？"

安芸为此还很生气，觉得朋友居然质疑自己，也算不上什么好朋友。朋友觉得安芸遇到问题从来都是抱怨别人，也不知道该怎么劝她。

其实，安芸读书时就是这种性格，她那时候就喜欢让室友帮忙带饭、签到。时间久了，就没人愿意跟她交朋友了。安芸的人缘越来越差，但是她不反思自己，反而四处宣扬室友孤立她，搞小团体主义。别人帮忙时，安芸从不心存感激，一旦别人不帮忙，她就开始抱怨别人。安芸就是这样一个不懂反思的人，永远盯着别人的过错，看不见自己的缺点。所以，安芸的朋友越来越少，她还觉得是别人不好相处。

安芸就是一个不懂得内省的人，遇到问题总是盯着别人的错误，从不反省自己，还总是第一时间为自己找理由开脱。

一个不懂得内心的人是无法进行自我完善的，因为一个人之所以能够不断进步，就是因为懂得吸取教训。遇事不推诿，先学会内省是植根于一个人内心的修养。善于自省，才能少走弯路；学会自省，才能不被蒙蔽，看到更真实的自己。

下面分享几个自省的小方法：

1. 从小事开始反思

持续地从日常工作、他人经历和书籍案例中找到提升自己的方法。反思习惯性防卫、跳跃性假设以及不好的习惯、情绪、思考的过程。

2. 事后立刻反思

工作中的反思是为了及时改正自己的错误，让工作顺利开展，而生活中的反思是为了让自己的人际关系更加融洽。要养成事后立刻反思的好习惯，不让问题过夜，及时反思，及时改正，这样对提升自己更有帮助。反思不是否定自己，而是将过去的得失经验运用到将来的生活中。

3. 记录自己需要改正的地方

通过分类记录自己需要改正的地方，让自己有条理地思考。把自己遇到的问题进行分类，根据不同的问题思考解决办法，也许可以事半功倍。

奖赏效应：为自己获得的成就而庆祝

奖赏效应是一种正性强化效应。简单来说，当人做出一个正确的决策后，大脑会向负责决策的区域发送“奖赏”信号，这会促进人的认知能力提升，形成良性循环。因为“奖赏”信号会刺激大脑皮层，使大脑思维更活跃。

奖赏会让人感到快乐，因为奖赏意味着被关注、被认可，可以让个体获得满足感。白灵就是在父母的鼓励中长大的，所以她深刻地体会到奖赏的重要性。

> 白灵的母亲是一个幼儿园老师，出于职业习惯，她善于观察孩子的进步，并不吝啬表扬。每次白灵取得好成绩或者帮忙做家务，母亲都会奖赏她，比如给她买喜欢的零食、玩具或者衣服。每次白灵考了第一名，母亲会和父亲一起帮她举办庆祝活动，让她体会到家人跟她一起分享快乐的仪式感。
>
> 白灵小时候，母亲为了表扬她的进步，还专门给她买了个存钱罐，每当白灵学习有进步或做好事得到认可时，母亲就会给她不同的奖励金。这个存钱罐是属于白灵的，里面的钱她可以自由支配。白灵可以选择去买自己喜欢的东西，也可以把钱存起来当作自己的小金库。

因为父母的鼓励教育，白灵学会了一个道理，那就是努力就会有收获。因此，从小到大，白灵都不用父母督促，会主动做好自己该做的事。也因为这个好习惯，白灵考上了一所好大学，后来也找到一份自己喜欢的工作。她知道自己取得的成绩离不开父母的鼓励，所以一直很感激父母对自己的教育。

奖赏效应可以激励一个人的行为，产生良性循环，把一个人的潜力释放出来。白灵就是因为获得父母的各种奖励才成长为一个健康快乐的人。

奖励不一定需要别人给予，我们也可以奖励自己。根据奖赏效应的原理，下面跟大家分享三个自我奖励的方法。

1. 自我奖励法

不论物质奖励还是精神奖励都可以刺激大脑发送“奖赏”信号，让人感到快乐。所以适时地给自己一个奖励可以刺激大脑，促进良性循环。

因此，当你完成一件事时可以选择给自己一个奖励。比如，你花很长时间完成了一个重要的项目，或者按约定计划完成了减肥目标，这时候就可以奖励自己一个想要的礼物。

2. 食物刺激法

我们还可以用美味的食物来奖励自己，比如让人感到快乐的甜食。甜食是能让人感到幸福的食物，因为甜食中的糖分进入人体后会产生大量的多巴胺，传递愉快的信息。

我们也可以奖励自己吃一顿向往已久的大餐，和要好的朋友一起享受美食，好好慰劳自己。

3.精神奖励法

我们可以奖励自己去看一场电影，或者看一场平时不会花时间去看的话剧或者演唱会，丰富自己单调的业余生活。

甚至我们可以什么都不做，只是奖励自己在家好好休息一天。我们可以边做家务边听音乐，在累的时候美美地睡上一觉，或者研究各种美食的做法，读自己喜欢的一本书等，这些都是我们在精神上奖励自己的方法。

比马龙效应：依靠自我激励找到希望

比马龙效应又称为罗森塔尔效应、人际期望效应，也称为教师期望原理，指的是教师对学生殷切期望就可能收到预期的效果。该理论是由美国著名心理学家罗森塔尔和雅格布森在小学教学上予以验证提出的。

简单来说，比马龙效应是一种心理暗示效应。科学研究指出，人是唯一能接受暗示的动物，而暗示指个体会受外界发出的信息影响，并进行相应行动的心理现象。

在比马龙效应中，人的情感和观念会不同程度地受到他人或外界环境的影响。如果一个人经常得到积极的暗示，比如他人的鼓励、赞美，就会让他变得更加自信、优秀。为了满足对方的期望，他会更加努力地发挥自己的潜力，以达到对方的期望。相反，如果一个人不断受到怀疑和否定，这种消极期望的影响会让这个人变得自暴自弃，向着消极的一面发展。简而言之，积极的暗示会让一个人认真表现，但若不被期待，这个人就会随便表现。

比马龙效应也适用于现代管理，如果一个人长期无所事事，或者工作没有挑战性，他就极有可能失去对工作的热情，甚至会产生抵触情绪，进而离开现在的组织。因此，每个企业都应该给新员工施加必要的压力，为他们提供施展才华的平台，激发他们对工作的热情。

林俊就是因为换了一个没有挑战的环境而对现在的工作失去了热情。

林俊一直是大家眼中的有为青年，他在读大学时就展现了自己的组织才能，凭借自己的口才当选了学生会主席，把各种活动都组织得有声有色，是不少学弟学妹的偶像。毕业后，林俊找了一份展会策划的工作，之前的学生会工作为他积累了不少经验，他在展会策划方面也做得非常出色。工作没多久，林俊就得到公司的赏识，很快就升职加薪了。

虽然林俊的工作前景不错，但是父母不觉得他的工作有多好，一直劝他再找份工作。林俊的父母都是公务员，他们希望林俊也能考上本地的公务员，工作稳定一些。所以，即使林俊的工作还不错，父母还是一直劝他回家，说是帮他找了一份国企的工作先过渡一段时间。林俊在父母的要求下不得不选择回老家。

等林俊进了新的工作单位才发现自己的才华根本施展不了。作为一个行政岗位上的小职员，林俊没什么话语权，每天的工作就是收发文件、整理档案。每当他工作中有不如意的地方，父母都会劝他，国企都是看资历的，他是新人该忍就忍。

当林俊向领导提一些改进意见时，领导也只是象征性地听一听，还对他说："新人有想法是好的，但是单位有单位的考量。既然大家都是这么做的，说明也有一定的道理。"

很快，熟悉林俊的朋友们发现他以前那种意气风发的气质消失了，取而代之的是无奈、焦虑和不自信。经过了解，大家才知道是工作环境的改变给林俊的打击太大了。有跟林俊相似的境遇的朋友就感叹："不同的环境对人的影响太大了。"

林俊的例子就是比马龙效应的一个反面案例。在现实生活中，我们不可能总是遇到鼓励和积极的期待，那么我们怎样才能更好地应用比马龙效应呢？

1. 自我鼓励

在现实生活中，大家对别人更多的是一种“事不关己”的态度，他人的信任和鼓励并不是时时都有的。所以，要想成为更优秀的自己，除了来自他人的鼓励，更重要的是要相信自己，从内心深处坚信自己能行，经常进行积极的自我暗示，这样才能拥有持续不断的奋斗热情。

2. 自我暗示

不论面临何种境遇，积极的自我暗示都是必要的。对自己、对他人美好的期待能让自己越来越优秀，让我们即使面对未知的境况，也不会怯懦、恐惧，而会为一件事努力奋斗，不断拼搏。积极的自我暗示可以将压力转化为动力，将自身巨大的潜能激发出来，完成高难度的挑战。

所以，要不断地给自己加油打气，无论顺境还是逆境，加强自我期待都能帮助自己摆脱困境，变成自己期待的样子。

走向“心灵自由”：激发和转化你的“心理能量”

心理能量可以简单地理解为一种生命力，生命力多，人就有活力；生命力少，人就会萎靡不振。奥地利心理学家西格蒙德·弗洛伊德认为这些本能力量的表现方式和物理学中的能量相似，因此可以用能量的模式来研究，这也是心理学领域首次提出的心理能量模型。

心理能量有两种产生形式，一种是在适当的心理状态下自发产生的，另一种是因激发某种本能而产生的。

自发产生的心理能量不需要与某种特定的本能结合，是对生命意志的直接表达，呈现出的是更原始的状态。而被本能力量激发的心理能量则会根据本能有不同的表现形式。例如当我们被一个异性吸引时，被激发的心理能量就会让我们变得活跃、有激情，急于表现自己。当我们参与竞争时，进取的本能被激发，我们就会变得兴奋、激动、紧张等。性的能量和进取的能量是心理能量的基本形式。

当心理能量得到自然释放时，我们会有相应的情绪，不论喜悦还是愤怒，都会给人一种畅快感。但是心理能量也有两种不正常的运动，一是被压抑，二是沉溺。在这两种情况下，心理能量不能自然地流动和释放，会给人带来不畅快的感受。

但压抑和沉溺不是没有益处的，压抑可以避免本能冲动带来的危险，而积极的沉溺可以让人处在幸福的体验中，感受快乐。

生活中，我们会遇到各种各样的人，有的人充满积极的心理能量，能让人心情愉悦，而有的人则喜欢消极抱怨，让人感到心累。在下面的案例中，小舟就是一个喜欢抱怨的人。

小舟是一个特别喜欢抱怨的人，她谈恋爱的时候就喜欢跟朋友抱怨，说男朋友不够爱她，从来没有接她下班，周末约会只喜欢爬山，不带她去喜欢的地方玩。朋友跟她说如果不合适就算了，她又解释说，男朋友有时候对她也挺好的。这样反反复复几次之后，熟悉她的朋友都知道她只是爱抱怨，就不再劝她了。

就这样，小舟最后还是跟这个她经常抱怨的男人结婚了。朋友们以为既然结婚了应该就没问题了，结果小舟又开始抱怨婆媳关系。每当她遇到问题，就会找朋友倾诉，把朋友当成发泄的对象。朋友劝她的话她从来不听，似乎她的抱怨只是为了抱怨，并不是为了解决问题。

但是朋友听多了她的抱怨，也被她的负面情绪感染，原本的好心情都被破坏了。久而久之，越来越多的朋友不愿再听小舟的抱怨，因为她的不良情绪会消耗自己的精力，没人愿意当别人的情绪垃圾桶。

像小舟那样充满负面的心理能量当然是不好的，会让人被消极情绪包围，变得消极、麻木，甚至导致生理和心理出现问题。我们该如何获得积极的心理能量呢?

1.进行积极的自我暗示

自我暗示的力量是强大的，前文中我们提到过，积极的自我暗示可以让自己变得更加自信和优秀，所以学会爱自己、鼓励自己、相信自己，就可能发挥出自己的潜力，达到自己的期望。

心理暗示还有引导的作用，一个人的“自我意向”一旦形成，就会变成事实。也就是说你把自己想象成什么样的人，就会按照这样的人的行为方式行事。比如你认为自己是一个失败的人，就会提前放弃，导致失败。

如果你认为自己会走向成功，那么你就会变得自信满满，不怕挫折，向着自己的目标不断努力，最终获得成功。

2.放弃主观臆断，重获信念的力量

主观臆断就是预设立场，妄作假设，除了让自己焦虑、痛苦，没有任何意义。如果一件事还没有发生，你就主观臆断这件事的结果不好，自然会为此忐忑不安，无法摆脱失控的焦灼感。

当我们不再主观臆断，客观地判断当下的情形，勇敢地面对一切，就能认清真相，不再为没发生的事惴惴不安。

第五章

包容他人的缺陷，走出挑剔苛责的怪圈

摆脱“刻板效应”：不要用旧眼光看人

刻板效应又称刻板印象，是指忽略个体差异，对人和事形成一种固定而笼统的看法。刻板印象虽然可以根据以往的经验在一定范围内迅速做出判断，但是刻板印象得出的结论常常是带有偏见的，比如老人保守，年轻人冲动；北方人豪爽，南方人细腻等。

人们之所以会产生刻板印象，是因为人们在接触具体的人和事时会直接套用以往的经验和认知，形成一种固定的判断。虽然刻板印象可以迅速建立对某类人和事的整体概括，有一定的合理性和可信度，有助于加速沟通，增强人们在沟通中的适应性，但是刻板印象常常会忽略个体差异性，形成片面的认知，甚至是充满偏见的认知。所以刻板印象容易阻碍人们对新特性的认识，使人的认识僵化，造成认知上的偏差。

刻板印象有以下几个特点：

1. 对某一个体或群体过于简单地分类。

2. 在同一社会、同一群体中，刻板印象有很高程度的一致性。

3. 刻板印象大多是一种偏见，甚至是完全错误的认知。

刻板效应容易让人产生先入为主的偏见，如果认识不到这一点，就会在无意识中放弃自己的切身经验，用错误的认知去评判别人，很容易导致人际交往的失败。齐昊就是刻板印象的受害者。

齐昊是一个程序员，因为工作比较忙，所以一直没时间谈恋爱。朋友也帮齐昊介绍过几次，但是每次相亲前女方都会取消约会。朋友对他说，现在的女孩都觉得程序员工作太忙，没时间陪自己。齐昊听了这个理由也只有苦笑。

社会上对程序员的刻板印象比较严重，基本上认为程序员智商高、情商低，平时不修边幅，因为经常要加班，所以有很重的黑眼圈。但不是所有的程序员都是这种形象，齐昊就觉得自己是个文艺青年，也很有生活情趣。

齐昊在一家互联网公司担任高级工程师。他的朋友圈都是自己平时拍的星空、日出和各种美食的照片。而且他很喜欢布置房间，把房间布置得既文艺又充满生活气息。他还爱好画画，虽然不是专业水平，但是很有自己的创意。他的房间里就挂满了自己画的画。有朋友去他家里参观就觉得他不应该是一个程序员，而应该是一个艺术家。

齐昊还很喜欢极限运动，有假期就会去玩一些极限运动，滑翔、蹦极都是他喜欢的。他也不安于现状，有好学精神，最近专门去学了滑雪。齐昊觉得平时自己的工作已经很忙了，工作之余就应该多做点自己想做的事。

朋友觉得齐昊那么有趣的人不应该找不到女朋友，所以一直帮齐昊介绍。终于有一天，齐昊跟一个女孩见面了。那个女孩叫小叶，是个二次元控。小叶也有自己的苦恼，就是家人觉得她爱玩，不够成熟，每天沉迷于所谓的“二次元”，肯定没有男孩子喜欢。

这两人都是刻板印象的受害者，谁知一见面就一拍即合。因为小叶也爱玩，什么新鲜事都想尝试一下。而且她自己买的好玩的东西也很多，比如滑板、VR设备。各种先进的电子设备小叶都感兴趣，还在租赁共享App上注册了会员。

一个“刻板的”程序员和一个“爱幻想”的二次元控在打破了刻板印象的魔咒后，幸运地走到了一起。

刻板印象一般是“以偏概全”引起的，就像案例中的齐昊和小叶，就是因为大家对程序员和二次元爱好者有刻板的评价，才会认为他们只有某个群体所具有的代表性特征。

但是刻板印象毕竟不能代替活生生的个体，如果只相信固有的刻板印象，拒绝亲身体验和感受，那么我们将永远无法探知真相，只会在错误的认知上打转，妨碍自己对他人做出正确的评价。

那么，我们该如何克服刻板印象呢?

1.眼见为实

所谓“眼见为实，耳听为虚”，想要正确地了解一个人或一件事就不能只是道听途说，而要真正地接触这个人或这件事，有意识地重视并寻求与刻板印象不一致的信息。

在处事和交友的过程中，我们应该给予自己更多的时间和耐心做出判断，时刻提醒自己要理智，不要被刻板印象所左右。

2. 切身体验

切身体验是克服刻板印象很有效的方法，只有亲自跟某个人接触，用自己得到的信息不断验证原来的刻板印象，才能发现相悖的信息，最终克服刻板印象的负面影响。

3. 摆脱旧思维

在处事和交友的过程中要摆脱固有的旧思维，在信息瞬息万变的社会中及时更新自己的思维习惯，适应社会的发展和生活方式的改变，摆脱旧的思维模式。

拒绝“投射效应”：别用自己的想法推测他人的心思

我们常听到的一句话“以小人之心，度君子之腹”说的就是以己度人的投射效应。投射效应就是认为自己具有某种特性，他人也一定会有，从而经常把自己的感情、意志、特性投射到他人身上。

投射效应有两种表现形式：一是感情投射，即认为别人的好恶与自己相同，进而试图按照自己的思维方式影响他人；二是认知缺乏客观性。具体来讲，投射效应有以下三种表现：

1. 相同投射

相同投射容易发生在跟陌生人交往时，由于彼此不了解，人们就会在不知不觉中从自我的角度出发做出判断，把自己的感受投射到别人身上。比如，老师对自己教授的课程很熟悉，觉得所有知识点都很简单，就以为学生也会觉得简单，但是学生对这些知识点并不像老师那么熟悉，自然不会觉得简单。这种投射就是忽视了自己与对方的差别，想当然地把自己和别人的想法混为一谈。

2. 愿望投射

愿望投射就是把自己的主观愿望强加给对方。这一类投射效应常常发生在老师和学生、家长和孩子身上，比如一个学生自我感觉良好，就会在收到老师的一般点评时，把点评理解为赞赏。

3. 情感投射

情感投射就是人们常说的“情人眼里出西施”，简单来说就是对喜欢的人越看越顺眼，对不喜欢的人越看越发现缺点。情感投射会让人们在评价人和事时带有强烈的主观色彩，导致过度吹捧、赞扬自己喜爱之人，而严厉指责甚至诽谤自己厌恶之人。这种投射会使人失去认知的客观性，陷入偏见的泥潭。

不论哪种类型的投射效应都以自己为标准去衡量被评价者，从而使评价的客观性打了折扣，最终使评价结果产生误差。虽然有时候人们根据投射效应对别人做出的推测是正确的，但那是因为人都有一定的共同性，有相似的欲望和要求，在观察者与观察对象十分相似的情况下，观察者的判断就会很准确。但这并不代表观察者的知觉准确，而是因为此时的被观察者与他们相似。

但人与人之间既有共性又有个性，所以投射效应是一种严重的认知心理偏差。如果投射效应过于严重，总是以己度人，那么人们将无法真正了解别人，也无法真正了解自己。所以，只有辩证地、一分为二地对待别人和自己，才能克服投射效应。

投射效应在人际关系中非常普遍，齐颖就遇到过投射效应。

齐颖与白苏是从小玩到大的好朋友，她们住在同一个小区，是楼上楼下的邻居，父母关系也很好。两人从幼儿园开始就是同学，高中毕业后还考上了同一所大学。上了大学，两人更是形影不离，无论吃饭、上课还是出行几乎都在一起。

然而最近，齐颖却发现白苏有点疏远自己。上周末，齐颖想约白苏去逛街，却怎么都联系不上她。齐颖有些担心，就去问了白苏的室友，这才知道白苏跟她爱慕已久的男神出去约会了。齐颖知道白苏一直喜欢同班的一个男生，还把他封为男神，不知道白苏出去约会为什么要瞒着自己。

齐颖本来觉得恋爱是白苏的私事，但是她一直听说那个男生比较花心，于是劝了白苏几句，没想到白苏非但不听，还开始疏远她。虽然白苏不听劝让齐颖有些不高兴，但谈恋爱毕竟是私事，所以齐颖对白苏的恋爱也没多过问。

没想到有一天，齐颖无意间听到白苏跟别人说自己嫉妒心比较强。与自己交往密切的好友竟然污蔑自己，这让齐颖非常伤心。她去找白苏理论时，白苏竟理直气壮地问她："你总是跟我说那个男生不好，难道不是因为你也喜欢他，所以不希望我俩在一起。"

齐颖觉得白苏有点莫名其妙，问她为什么这么想。

白苏说："从小到大我们都喜欢一样的东西，我喜欢的这个男生肯定也符合你的审美。你经常说这个男生不好，难道不是因为你想跟他在一起？"

白苏的回答让齐颖很惊讶，她不知该如何解释，只对白苏说："以己度人是不好的。"

后来，齐颖也开始疏远白苏，她怕自己说的每一句话、做的每一件事、每一次善意的提醒都让白苏误会，于是两个人不再像之前那样形影不离，关系也渐渐疏远了。

白苏对齐颖的误会明显是投射效应造成的。白苏以己度人，伤害了自己多年的好友，导致两人关系疏远。可见，投射效应会给我们带来很多负面影响，因为拿自己的感受去揣摩对方，就失去了客观性，容易陷入偏见而无法自拔，所以我们要努力克服投射效应。

1.承认个体的差异性

虽然某个群体会有一些共性，比如来自同一个地区的人，或者年龄相近的某个群体，但每个人的出生环境、成长经历、家庭教育等一系列先天或后天的因素不同，必然会产生不同的世界观、价值观和人生观。

我们要确保自己的判断客观就要承认这些差异性，既不要对不同的价值观嘲讽、攻击，也不要用投射效应主观地判断对方。

2.学会辨别自我投射

投射效应是一种本能，难以避免，但我们仍然能够有意识地减少它对人际交往产生的消极影响。比如在与人交往的前期，不要盲目地根据自己的经验去评判对方，而要随着彼此的了解加深，主动去发现和你最开始的认知不一样的地方，逐渐摆脱“投射效应”的影响。

降低期望值：别对身边人提出过高的要求

完美主义者有一个明显的特点就是不仅对自己要求很高，而且对他人有高要求和高标准，对他人的期望值也很高。

一般来说，有期望值是好事，因为有期望就会对某件事情有热情，愿意付诸行动。但是如果定的目标过高，其结果肯定不尽如人意。面对不完美的结果，人们会产生失望、失落的情绪，所以有句话叫“期望越大，失望也越大”。

即使每个人都希望自己所做的事情往好的方向发展，如自己期望般顺利、圆满，但还是应该根据实际情况，适当放低自己的期望值，否则等来的可能只有更大的失望。

不仅如此，我们在日常的交往中也应该适当降低期望值，这样反而会让自己的幸福感更高一些。因为无法实现的高期望除了带给我们失望，还会让被期待的人压力倍增。这样不仅会破坏我们的人际关系，还有可能让对方在压力下变成“讨好型人格”。许多专家认为，这种人格的产生与长期的压力有关。

生活中，对别人期望过高的现象并不少见，尤其是在亲密关系中。文怡就是一个容易对别人期望很高的人。

文怡在优渥的家庭环境中长大，又是家里的独生女，所以父母都很宠爱她，一直对她百依百顺，基本上什么要求都会答应她。从小被宠到大的文怡，性格上有点我行我素，对别人的要求很高，还不太会照顾别人的心情。

文怡读大学时认识了一个好朋友叫小冉，两人兴趣相投，几乎无话不谈，但是让小冉有些困扰的是文怡对别人的期望值太高了。有一次学校组织联欢晚会，文怡报名参加了演出。文怡表演的是个人独唱，因为小冉会弹吉他，文怡就找她给自己伴奏。因为是期末，学习比较忙，小冉把大部分时间都用来复习了。但是文怡为了节目，经常找小冉排练。小冉为了准备考试就对文怡说能不能减少排练时间。文怡立刻显得很失望，还说朋友间不就应该相互帮忙吗？小冉觉得文怡对人的期望太高了，让她很有压力。

这次争吵后，小冉也没有让步，还是把排练的时间缩减了。文怡因为这件事心情很低落，她觉得自己有些委屈，便向男朋友抱怨这件事。没想到男朋友也不理解她，还说她期望值太高，会让别人有压力。而且在男朋友看来，这本就是朋友之间的一点儿小事，大家应该相互理解，没必要上纲上线，对别人失望。

文怡觉得男朋友应该无条件地支持自己，怎么能反过来批评她呢？于是两人展开辩论，争执了大半天，结果谁也没说服谁，最后弄得不欢而散。

文怡一直没觉得自己有什么不对，朋友没有像她想的那样去帮她，所以她就要降低自己的期望值吗？

文怡对别人的期望值太高，所以不能设身处地地为他人着想，觉得朋友和男朋友都不理解自己。那么像文怡这样的人要怎么做才能走出这种误区呢？

1.学会降低对自己的期望值

想要降低对别人的期望值可以先试着降低对自己的期望值。调整好自己的心态，不要太在乎别人对自己的看法，不要对自己要求太高。或许你非常看重的东西在别人眼里根本就不重要，所以你的纠结在别人眼中也不重要。

2.学会肯定他人

对他人产生失望的时候可以试着列出别人的优点，再试着换位思考去理解别人的难处，不要急于下结论否定对方。另外，要大胆地说出自己的想法，及时沟通交流，学会肯定对方，这样才不会破坏人际关系。

减少“过度评判”：不随意指责别人的生活

生活中，我们可能都有过被人随意评价的经历。你烫了新的发型，就有人说烫发显得老气；你新买了苹果手机，就有人说你跟风、显摆；你坚持在大城市打拼，就有人说你死要面子活受罪；你留在小城市生活，又有人说你不思进取……

总之，在日常生活中，很多人喜欢凭着自己看到的表象随意地评价别人，殊不知因为自己轻率的言行给对方造成了伤害。

为什么有些人喜欢随意指责别人的生活呢？

因为生活中很多人喜欢站在自己的角度，以自己的标准去判断所有的人和事。他们以为自己是对的，所以会自以为是地谴责、批判别人。但是，没有人了解别人生活的全部，因为未曾真正地经历，就无法体会其中的一切。我们也无法做到对别人的遭遇完全感同身受，轻易地指责别人或者批判别人不会给对方带来任何帮助，只会显得自己肤浅无知。

所以，不要站在自己的立场上去看待、指责别人，不要用自己的经历去主观地评判别人，这是每个人应该有的修养。

邓皓因为在大城市打拼没少被家里的朋友议论。

邓皓大学毕业后没有选择回家，而是跟几个要好的同学一起去了大城市工作。邓皓跟几个朋友都是做传媒的，没过几年就各自闯出了一点儿名堂，几个人一拍即合创办了公司。老家的那些朋友一直不能理解邓皓为什么要一个人在大城市辛苦地打拼，回家考个公务员，安稳又清闲，生活过得也惬意。邓皓跟他们解释了几次，朋友都不理解，依然认为他是虚荣心作祟。邓皓便也不再浪费口舌了。

邓皓的老家是一个小县城，每年过年回家总有以前的老同学叫邓皓去喝酒。但是邓皓本身不怎么会喝酒，酒桌上那些老同学还喜欢取笑他，说他现在是大老板，跟他们这些小职员不一样。还有的同学故意当着邓皓的面说："大城市的生活也就那样吧，赚的钱还没有花的多。那么多人创业，失败的比成功的多。"

邓皓也不知道怎么反驳，只是觉得人的生活环境不一样，各种理念和看法都不一样了。那些朋友中有很多人早早地进入社会，早早地结婚生子，生活圈子不同，共同语言也就少了。他们不试着理解他，还随意评价他的生活，这让邓皓感觉很不舒服。他参加过几次这样的聚会，觉得没什么意思，也就不再赴约了。慢慢地，那些曾经亲密无间的好兄弟也都疏远了。

邓皓的故事说明立场不同、环境不同的人，很难了解对方的感受。在不了解别人生活的情况下就随意评价别人是一种傲慢无礼的行为。假如我们能够站在别人的角度思考问题，也许就能从内心深处理解别人，自己的意见也更能为人所接受，这样人与人之间的误会和不解也会减少很多。

如何才能做到不随意评价别人呢?

1.学会包容

不随意评价别人是一个人的基本修养。一个真正的有修养的人有足够的包容心去理解和成就别人。成就别人其实也是在成就自己，因为没有人希望被人随意评价，何不从自己做起，学会包容，学会理解，懂得不以自己的角度单方面地看问题，这样人与人之间的伤害就会减少很多。

2.要有同理心

别人做事都有自己的原因和理由。我们不可能了解每个人的喜怒哀乐，所以如果不能理解一个人的行为，不要不问青红皂白就去指责别人。在你指责别人之前，应该从他人的角度出发，全面了解情况，再根据自己的经验给他人一些意见和建议。

3.学会换位思考

没有人是这个世界的主角，所以没有人有资格随意评价别人。每个人都有属于自己的故事，都是自己故事里的主角，不论这个故事是平淡无奇还是壮丽恢宏，都不需要别人来评判。学会换位思考，去理解别人的悲伤或幸福，我们就能学会欣赏和悲悯，学会善待他人。

尊重效应：尊重别人的选择就是最大的善意

马斯洛在研究人的发展需要时提出了需求层次理论，认为人的需求在心理学上有五个层次，即生理需求、安全需求、归属和爱的需求、尊重的需求和自我实现需求。他认为这五种人的内在需求是按先后顺序发展的。如果某一种需求被满足就将不再是激励因素，比如人的生理需求和安全需求得到基本满足后，归属和爱的需求以及尊重的需求就会凸显出来，成为人在这一阶段的主要需求。

所谓尊重的需求，是指人在社会生活中希望自己受到尊重，也能尊重别人。尊重的需求可分为内部尊重和外部尊重。内部尊重就是人的自尊，是指一个人能够自我尊重、自我爱护。外部尊重是指一个人有稳定的社会地位，能够得到社会的承认，受到别人的尊重、信赖和高度评价。

马斯洛认为，尊重的需求得到满足能使人对自己充满信心、对社会满腔热情，体验到自己活着的用处和价值。反之，当尊重的需求得不到满足时，人就会产生自卑、软弱、脆弱等体验。因此在生活中，我们要遵守尊重效应。

季潇就觉得自己身边都是喜欢指手画脚的人，自己一直得不到尊重。

季潇的母亲是一家公司的高管，无论在公司还是在家里都非常强势。从小季潇听过最多的话就是“你不懂，爸妈都是为了你好”。因为这句话，母亲几乎干涉她的每个决定。小的时候她没权利选择喜欢的兴趣班，长大后甚至没权利选择自己喜欢的专业。每件事母亲都不考虑她的意见，直接替她做决定。

在母亲眼里，听父母话的就是好孩子；不听父母话，企图冲破父母定的框架的行为都是叛逆、不懂事甚至不孝顺的。但是季潇非常想自己做决定，过自己的人生。于是，大学毕业，季潇不顾全家人的反对，执意去了外地工作。

刚工作的时候，因为年纪小又是新人，所以季潇也遇到过不被尊重的时候。一些进公司时间久的同事对她这样的新人不怎么尊重，把她当实习生一样使唤，不是让她帮忙复印，就是让她去取快递。季潇也为此苦恼过，好在一起进公司的那些同事还算热情友好，主管也愿意帮她，经常把有用的经验传授给她。

有一次，季潇所在的那个项目组有个策划案要赶出来，于是整个项目组的人下班后都留下来加班开会。会上大家各抒己见，不停地提供自己的想法。季潇因为早就开始准备这个项目所以提出的想法比较多，主管表扬了季潇并采用了她的很多方案，还鼓励大家向她学习。这一次，季潇终于体会到被尊重的感觉。

后来，季潇渐渐发现，工作中的很多矛盾其实只是源于对彼此工作的不尊重，所以大家会因为一些小事批评对方的工作，以致矛盾加深，关系疏远。如果大家对别人的想法和观点不直接评价对错，而能做到尽可能的尊重，那么彼此之间也就没有那么多矛盾了。

季潇的案例告诉我们，要学会尊重对方。生活中，每个人都会因为立场不同而有不同的选择，如果我们对别人的观点和意见不理解也不尊重，只是随意地站在自己的角度批评反驳，就无法体会别人的难处，更无法看到别人的闪光点。

怎样做才能尊重别人的选择呢？

1. 不要过多干涉别人的选择

在面对无法理解的事情时，我们不必强求自己去理解，但是我们可以做到尊重。没有人可以和所有人达成共识，在有分歧时，只有尊重才可以让不同的想法共存，这就是所谓的求同存异。

尊重人与人之间的差异，不过多干涉别人的选择是解决矛盾的一种方法。尊重可以让人感到温暖，我们也会因为相互的尊重而让自己的人际关系变得和谐。所以我们不必理解别人的全部选择，也不要干涉别人的选择，只要做到尊重即可。

2. 己所不欲，勿施于人

有个说法叫“己所不欲，勿施于人”，也个说法叫“甲之蜜糖，乙之砒霜”。这些俗语都告诉我们尊重别人的选择是对别人的尊重。所以，不要以爱的名义强迫别人接受自己的建议。

消除敌意：用耐心和同理心对待他人

不论是日常生活中还是工作中，我们与人沟通时不仅要准确地传达信息，还要传递情绪和情感，这就需要与对方进行心理、感情上的交流。我们需要有耐心和同理心才能捕捉到别人言语中的情绪和情感。

同理心是指设身处地地对他人的情绪和情感认知性的觉知、把握与理解，主要体现在情绪自控、换位思考、倾听能力以及表达尊重等与情商相关的方面。

同理心在人际交往中的作用极为重要。一个人只有具备同理心，才能消除敌意，获得他人的信任。而人际关系大多建立在信任的基础上，这里的“信任”指的不是能力方面，而是人格、态度或价值观方面。

同理心可以说是正常运作的人际关系的先决条件。不论是私人关系，如婚姻、友情、亲子关系，还是工作关系，如上下级、同事、与客户的关系，在沟通时都要有同理心，这样才能促进彼此间的信任，做到真诚有效的沟通，也更有利于人际冲突的解决以及建设性的变化。而那些缺乏同理心的人无法做到设身处地地为他人着想，遇到问题时会以生气或暴力作为情绪的出口，无法与他人建立亲密关系。文涛觉得自己就是一个没有同理心的人。

文涛从中学开始读的就是寄宿学校，所以性格一直比较独立。大学毕业后，他没跟父母商量就直接去了大城市打拼。父母一向干预不了他，对他的决定只有支持。文涛是名牌大学毕业，加上他性格独立果敢，一心扑在工作上，工作不到两年就升任了部门主管。坐上了主管的位子，文涛还是保持着拼命三郎的劲头，好像要把部门员工都培养成工作狂，除非员工真的家里有急事，一般的请假他基本不批。没过多久，文涛就听到有员工说他没有同理心，不是所有人都跟他一样孤家寡人，心里只有工作。

文涛听到这些抱怨，反思了一下，发现自己一直以来确实缺乏同理心。他很难体会别人的心情，也没办法设身处地地考虑别人遇到的问题。即使他曾经很努力地尝试替别人着想，似乎也没能达到效果。文涛想，这可能是一直以来他都太过自我的缘故吧。

文涛跟前女朋友也是因为他缺乏同理心才分手的。当时两人一起在这个城市打拼，工作都比较辛苦。女朋友总是希望文涛能温柔一些，多关心她一些。但每次女朋友抱怨工作上的事，文涛都只是帮女朋友分析问题，但不关心她的心情。女朋友跟他分手时就说他太理性，不适合谈恋爱。

当时文涛并没有意识到自己做错了什么。在他眼里，出了问题就要解决问题，心情好坏没有那么重要。现在他终于明白，他的问题在于缺乏同理心。

缺乏同理心会成为人际关系破裂以及个人冲突的根源，所以，我们要学会从他人的角度去理解他人的经历和选择，努力培养自己的同理心。

1. 了解对方真正的需求

想要培养同理心，在沟通时就要避免以自我为中心，重视他人的需求。获取对方的信息时除了捕捉要点，还要倾听对方的弦外之音，以探究对方真正的需求。同时，要避免预设立场，也不要妄下结论，在对方需要反馈时，选择恰当的反馈方式，引导积极的话题。

2.让倾听多于表达

在沟通中要多倾听，把表达的机会留给对方。认真倾听有助于理解对方的信息和情绪，并做出适当的回应。在听人倾诉的时候要专注，减少干扰，全身心地投入对方的言语之中，不要只理解字面意思，还要明白对方的深层含义，如语气、语调、语言方式等。

3.必要时予以确认

一个具有完整自我意识的人完全可以通过言语、表情、行为、情绪、动机、思维逻辑等方面充分理解对方的意图。但是在复杂的情况下，或者在我们理解不足的时候，我们还可以主动进行确认。此时的“确认”不仅可以验证自己的想法，还可以表达自己坦诚的态度，比暗自揣测更加有效准确。

小测试：你是一个喜欢吹毛求疵的人吗

吹毛求疵也是完美主义的一个表现，指的是故意挑剔别人的缺点，指摘一些细小的毛病。吹毛求疵的癖好会让你在意某个人的不当之处，这不仅会让别人疏远你，也会让你自己感觉很糟。下面这个小测试可以测出你是不是一个喜欢吹毛求疵的人，请根据自己的实际情况作答。

1.你是否十分在意做事的细节？

A.是　　　　B.否

2.你是否希望事情都按照自己预定的方向发展？

A.是　　　　B.否

3.你是不是个严守规则的人？

A.是　　　　B.否

4.你是否经常对不能达到自己要求的人和事感到不满？

A.是　　　　B.否

5.你是否总是担心别人出错？

A.是　　　　B.否

6.你是否对别人总有过高的要求？

A.是　　　　B.否

7.你是否总是对别人挑三拣四？

A.是　　　　B.否

8.你是否总是对别人的表现不满意？

A.是　　　　B.否

解析：

选择A“是”记1分，选择B“否”记0分。

测试结果为0—2分：你是个很大度的人，完全不会吹毛求疵，对所有人和事基本上能做到一视同仁，与人相处时会给人一种舒服的感觉。

测试结果为3—4分：你很容易发现对方的缺点，但是你也有宽阔的心胸，可以体谅别人的缺点，所以你的人缘很好。

测试结果为5—6分：你稍微有点吹毛求疵，不太能听取别人的意见，通常认为自己才是对的。

测试结果为7—8分：你是个爱吹毛求疵的人，总是能看到别人的缺点，并对此表示不满，这让周围的人很反感。

第六章

打破思维定式，克服“钻牛角尖”的心理

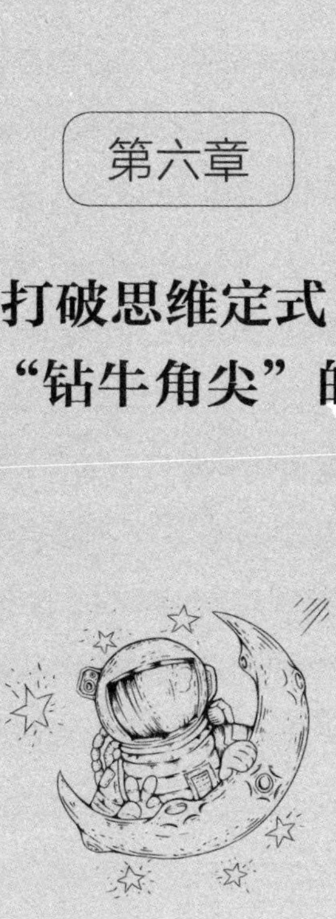

克服绝对化思维：摆脱非黑即白的极端化思维

心理学认为，绝对化思维是一种二元对立的思维，认为某一件事发生，如果不是这个结果，就是这个结果的反面。这种绝对化思维也被称为“非黑即白思维”。

有绝对化思维的人在认识自己和世界时会采用二元对立的模式，要么是好的，要么是坏的；要么有用，要么无用。这种思维指向自己时，很容易让自己陷入焦虑、自卑、自责等不良情绪中。这种思维指向他人时，个体会一味地指责对方，把不满发泄到对方身上。

绝对化思维的错误就在于忽略概率的存在，没有做到具体问题具体分析，多角度地思考。世界是复杂的，不可能只存在两种对立的结果，一件事也不是只是有成功与失败两种结果，其中还有很多无法判断的复杂因素。

绝对化思维属于一种不合理观念，会导致不合理的信念，歪曲认知，进而影响个人的情绪和行为。事实上，不少人都有绝对化思维，因而无法很好地处理感情问题、生活问题。绝对化思维达到某种程度后，还会导致一些僵化的想法和行为。

廖明就是一个有绝对化思维的人。

廖明的父亲有点大男子主义，对他的管教一直很严厉。父亲教导廖明，如果没有考到第一名，就说明没有考好。廖明在父亲的教导下也养成了这样的思维习惯，所以他一直保持着优异的成绩，在大学里也一直拿一等奖学金。

大学毕业后，凭借优异的学习成绩，廖明被一家大企业录取了。廖明下定决心要出人头地，否则对不起父母对自己的期待。可惜进入职场后，由于廖明有绝对化思维，不懂变通，他的表现一直差强人意。有一次在没收到尾款的情况下，他就把策划案提交给客户，导致项目尾款收得非常艰辛。廖明因此受到了上司的批评。但廖明有些不服气，辩解说："公司不是规定一切要以客户的要求为准吗？"

上司对他说："那你也要懂得变通啊。"

这件事对廖明的打击特别大。被上司批评后，廖明觉得自己一无是处，这么点儿小事都做不好，他开始怀疑自己的能力，觉得以前获得成就不过是运气好。

慢慢地，廖明变得越来越爱钻牛角尖，如果同事或朋友提出一些不同的意见，廖明就感觉对方是在嘲笑自己能力不足。最后，廖明越来越怀疑自己的能力，主动辞职了。

廖明从一次工作失误演变到对自己能力的否定，是典型的绝对化思维。

我们每个人都或多或少会出现绝对化思维，但不要让这种绝对化思维完全影响自己的判断。要避免绝对化思维陷阱，可以采用以下几个技巧：

1. 不拘泥于对与错

与人交往时不要拘泥于对错，而要多站在他人的立场和处境上思考。任何事情都不是非黑即白的，我们可以发表自己的观点和想法，但不要与人争论对错，也不必要求每件事都有一个明确的对或错的结果。

争论对错是没有意义的行为，因为大多数时候对和错没有一个统一的判断标准。而且争论对错在某种意义上只是个人的斗气行为，即便你在争论中赢了，对方也不一定认可你的观点，也许只是不想跟你争论而已。

2. 告别“非黑即白”的思维模式

只有多读书、增加知识储备才能告别非黑即白的思维模式。如果我们想建立一种“多元思维模型”，就要不断学习各种知识，以形成思维模型的复式框架。比如熟练地掌握一系列原理，用多种原理共同作用于一个决策，就可以跳出“非黑即白”的思维误区。此外，我们还要增强自我意识，学会灵活地思考，尝试从不同的角度看待一件事，寻找可替代的选项和潜在的可能性。

当我们摆脱了非黑即白的思维模式，我们会发现自己仿佛打开了一扇新的窗户。与他人的相处也变得轻松融洽，即便很多事情不认可对方，也能站在对方的立场上想问题。

停止弱者思维：不要依靠别人判断和承担责任

弱者思维简而言之就是把自己当成弱者、依赖性强、不愿自己面对和克服困难的一种思维。有弱者思维的人会习惯性地拒绝新事物，不愿自己奋斗，试图活在别人的保护或庇护之下。弱者思维不仅会影响一个人的思维观念，还对其日常生活和工作产生极大的影响。一个人暂时弱小并不可怕，可怕的是被弱者思维所阻挡，那么这个人将无法成长。

从心理学来说，弱者思维是习惯性的补偿心理。拥有弱者思维的人在遇到困难或失败时，总是习惯性地找外因，而不是从自身找原因。他们通常会把自己的失败归咎于运气不好，或者自己的出身不好，而别人成功都是因为运气好或有人帮忙。这样以偏概全的思维模式，让他们无法真正地认识自己。

而且在面对困难时，强者都是越挫越勇，弱者则是轻易放弃。所以，弱者思维的人只要付出一点，就希望立即有回报，一旦得不到回报就会容易失去奋斗的动力，进而否定自己，最终碌碌无为，一事无成。

弱者思维之所以可悲，是因为它会让人看不到真实的世界，只会逃避自己的问题，小简就是这样一个有弱者思维的人。

小简家庭条件一般，读的大学还可以，但是毕业后只应聘进了一家小公司。因为她找工作时不是很努力，总想着让那些进了大公司的同学帮她介绍一份好工作。结果毕业两年后，小简还是在这家小公司里做文员。

跟小简一起毕业的同学，要么已经开始自己创业，要么已在工作单位小有成绩，只有小简还在原来的公司里做文员。因为她太依赖别人，工作了两年还搞不懂很多行政上的工作。有次上司交给她一个任务，让她组织一次团建，她弄了半天也没把策划案做好，最后还是找一个同事帮忙才勉强把策划案整理出来。但是小简并不觉得这是自己的问题，反而觉得上司交给她这么麻烦的工作是故意为难她。

小简不仅自己不愿努力，也不相信别人的努力。有一次她参加同学聚会，听说有个同学创业成功，已经年收入几十万了。大家纷纷感叹这个同学创业不易，全靠自己一个人跑业务，辛苦了两年终于取得了不错的成绩。

只有小简不以为然，还问了句："她爸妈是做什么的？"

有同学回答说是做生意的，小简就摆出一副恍然大悟的样子："果然还是家里有钱，不然怎么可能创业成功？"

大家纷纷解释说，那个同学的父母做的只是小生意，没什么钱，也没什么背景，人家创业成功全靠自己的努力。小简还是不信，坚持说人家肯定有别的背景。小简的一番话把气氛弄得很尴尬，同学们不知道该怎么回答她，只好换一个话题聊。

这次聚餐后，很多同学都不再跟小简联系了。小简却没意识到自己的问题，反而觉得是同学们太小气，听不了真话。

生活中，有弱者思维的人很多，小简只是其中的一个典型。事实上，弱者思维最可怕的一点在于，一旦你习惯了它，就会被它左右，直至成为真正的弱者。

一个人的成长主要还是取决于自己，即使自己的起点不如别人，至少要尽自己最大的努力做到最好。生活的强者应该能直面自己的问题，在一次次行动中改善自己，让自己越来越好。

我们该如何改变弱者思维呢？

1.改变索取的思维模式

弱者思维的人一般会因为害怕失去，希望得到更多，所以不断向他人索取。

想要改变这种思维要学会自己解决问题，不要把时间浪费在抱怨上，而是切实地解决自己遇到的困难。把自己从弱者的索取型思维转变为强者的付出型思维。

2.学会肯定别人

弱者思维的人不仅自己不努力还不喜欢肯定别人。在他们看来，别人的成功不是因为背后的努力，而是运气或巧合。他们习惯性地对别人的成功表示不屑，因为只有这样才不会显得自己无能。

想要摆脱弱者思维就要学着肯定别人的成功，在面对新事物时不要为了否定而否定，让自己走出舒适区，不要怕和原来的认知冲突，去接受那些你从没有接触过的新鲜事物，也许就能打开自己的思路。

终结强迫性思维：意识到自己开始较劲时，及时喊停

强迫性思维又称强迫观念，是指脑海中反复出现某一观念或概念，伴有主观的被强迫感和痛苦感。个体完全能够意识到这种思想是不必要的，但对这种思想不能自由地加以干涉或控制，无法把这些想法从脑海中驱赶出去，因此常有“控制不住”的体验。

强迫性思维主要有以下几种表现：

1. 强迫怀疑

反复怀疑自己言行的正确性，继而产生强迫性检查行为，比如出门后怀疑是否关好门窗，为此反复检查。

2. 强迫性穷思竭虑

反复思索生活中的一些事情或现象，对一些缺乏实际意义的问题追根溯源，即使知道这种想法毫无意义也无法控制自己，这种思维常见于青少年中。

3.强迫联想

脑海中出现或听到、看到某一观念或某一句话，便会不由自主地联想到另一个观念或另一句话。

4.强迫回忆

反复回忆经历过的事件，有时强迫回忆和强迫怀疑会同时出现。通常在强迫回忆时怀疑自己回忆有错又从头想起，加重其不安和痛苦。

强迫性思维的范围虽广，但有一个主要的特征就是强迫和反强迫同在。强迫性思维因违背自己的意愿，会让人活在矛盾中，并伴有烦躁、焦虑的情绪。

戚蓉就是一个有强迫性思维的人。

戚蓉从小家庭条件很好，成长历程也很顺利，从读书到工作都是父母替她安排的。

戚蓉工作后，和同事、领导的关系还不错，但因为她是被家里安排进的公司，所以做事比较小心谨慎，跟同事相处时也有些敏感，经常担心别人对自己有意见。在这种压力下，戚蓉不知不觉开始有强迫性思维，每天下班后她都会把一天中发生的事情反复回忆，比如自己是不是哪句话说得不对，工作是不是哪里没有做好，领导批评了同组的人是不是下一步要批评她……

每天戚蓉都要按照这个顺序把自己忧心的事回想一遍，反复思考各种细节。强迫性思维让戚蓉变得更加敏感多疑，甚至不敢跟领导说话，更不愿意在公共场合发言，也开始不喜欢跟同事交往。

有时，戚蓉也会意识到自己不应该总是想这些事情。但是她越控制就越发现那些想法会自己冒出来，她想控制也控制不了。

不只在工作上，戚蓉在生活中也出现了这些强迫想法，每次出门都要检查门窗是不是关好，水龙头是不是拧紧，这样反反复复折腾很久。

这些症状不断吞噬戚蓉的自信，她感到自己越来越失控，情绪经常陷入低谷，也越来越不愿意与外界交往。

戚容因为过分纠结强迫性思维，所以越陷越深，进入了恶性循环。所以，对抗强迫性思维要做到接纳反应，把专注力放在当下的生活上，顺其自然。

森田疗法的“顺其自然，为所当为”为强迫症患者指明了方向。我们可以参考森田疗法，为克服强迫性思维提供几点建议。

1.顺其自然

“顺其自然”不是“任其自然”，而是接纳自己的症状、想法、情绪等；不要试图控制、排斥、解决这些想法，而要让它自然变化。如果强制解决自己的症状只会让状况越来越糟糕，只有静静等待才是明智之举，这也体现了“顺其自然”的原则。

2. 为所当为

“为所当为”就是控制可以控制的，而对那些我们不能控制的变化，选择适应和接纳，带着这种变化做应该做的事。“为所当为”本质上是为了与强迫性思维和平共处，但是注意不要把这当成刻意转移注意力的方法，如果用它来刻意转移注意力，一开始也许可行，但时间长了就会不起作用。

3. 自我调节不能解决问题时，要进行治疗

强迫性思维症多是心理作用所导致的，要做到有效的预防需要患者能够引起一定的重视，日常可以多做运动，转移注意力，保持良好的心态，对任何病症都有益处。

自我调节不能解决问题时，要考虑寻求专业的治疗。只有配合心理医生的专业治疗，才能让强迫行为慢慢变好。

摆脱僵固思维：不要用偶尔的失败来定义自己

美国心理学家卡罗尔·德韦克对人们面对失败的反应做了大量

研究，提出了“僵固型思维模式”和“成长型思维模式”的概念。拥有僵固型思维模式的人相信自己的能力和才智都有固定的特质，所以，他们会把注意力放在自我形象的维护上，想方设法让自己看起来聪明能干。

拥有僵固型思维模式的人有一部分特质和完美主义者相通，比如僵固型思维模式的人为了避免失败，更愿意选择相对简单、不容易出错、能够表现自己能力的事情去做，而不愿意做具有创新性、能够提升自己但容易失败的事情。

拥有僵固式思维模式的人容易在失败面前失去信心，常常会因为一次小小的失败就否定自己，质疑自己的能力，给自己扣上失败者的帽子。

所以，拥有僵固型思维模式的人，很容易受到失败的打击，在失败中一蹶不振，从此碌碌无为。

浅浅就是一个有着僵固型思维模式的人。

浅浅从小到大都是优等生，所以顺利考上了自己理想的大学。浅浅因此认为自己在学习方面比较有天赋，不需要很努力就能取得好成绩。读大学后，因为学习环境比高中宽松，所以浅浅把自己的大部分精力放在社团活动和学生会工作上。浅浅本以为凭借自己的聪明才智，即使没有花很多时间在学习上，她的学习成绩也不会下滑。没想到期末考试时，她的成绩急速下滑，竟然在班级里垫底。从小到大都是名列前茅的浅浅受不了这个打击，变得非常失落。她觉得自己上大学后变笨了，就算自己努力也不能让成绩提高，于是她自暴自弃，更加不爱学习了。

毕业时，浅浅勉强通过了答辩，她本来的梦想是读研，但是因为害怕落榜的打击所以没尝试就放弃了。之后，浅浅花了很长的时间找工作，最终进入一家规模不大的广告公司。浅浅在学校里参加过很多活动，所以在广告公司里进步很快，没过多久就可以独立策划方案了。但是有一次，因为浅浅对目标客户了解不够全面，策划案被否定，浅浅又开始怀疑自己的工作能力了。她忽然感到异常焦虑，前途渺茫，最终竟然因为一次方案被否定就向公司提出了辞职申请。

表面上看，浅浅是承受能力不够强才辞去自己的工作，实际上浅浅是因为自己的僵固型思维模式才会遇到一次小小的失败就否定自己，选择逃避。

僵固型思维模式容易让人陷入固化的思维，在面对失败时质疑自己的能力，从而失去信心。我们应该如何破除这种思维，向积极的思维模式转变呢?

1.改变固有的认知

僵固型思维的人对自己的能力和天赋有固有的认知，认为人的能力都是天生的，不相信后天的努力。如果遇到失败就质疑自己的能力，就会丧失斗志，慢慢失去信心。

想要改变这种固有的认识就要转变僵化的思维，多尝试可以帮助自己提升的事情，通过不断学习新知识和新技能来降低自己失败的概率，而不是单纯地相信自己的天赋能让自己立于不败之地。

2. 拒绝用失败定义自己

拒绝以偏概全，用一次失败定义自己。要乐观地看待每一次失败，正确认识到失败只是暂时的。所以，不要因为一次失败就给自己扣上失败者的帽子，只有摆脱这种偏激的想法才能摆脱僵固型思维模式的控制。

3. 不要害怕面对挫折

因为僵固型思维模式的人认为人的能力是一成不变的，所以，他们不会挑战超过自己能力范围的新鲜事物，以此来逃避挫折和失败。但是一直生活在舒适区只会错过一次次成长的机会。所以，只有勇敢地面对挫折才能提升自己，让自己变得更加强大。

培养弹性思维：用灵活的思想适应快速变化的世界

思维是认识过程的高级阶段，它探索、发现事物的内部本质联系和规律性，涉及人类的所有认知或智力活动。思维具有概括性，即对一类事物非本质属性的摒弃和对其共同本质特征的反映。思维具有弹性，就是承认目前存在局限，积极探索其他的可能性。弹性思维就是一种在惯性和规则之外灵活的思维方式。

思维对环境有两种基本的适应方式：一种叫作同化，就是用现有的思维方式去理解新发生的事物，这也可以说是一种固化思维；另一种是顺应思维，也可以说是弹性思维，就是在面对新事物时，不用固有的思维去理解新事物，而是改变自己的认知来适应新事物。

弹性思维就是要接受不确定的、新鲜的知识，这一过程会带来很多变化和不确定性，但只有不断接受新鲜事物才能调整自己的认知模式，产生各种奇思妙想。

小艾就是一个有弹性思维的人。

小艾从小就喜欢音乐，读大学时跟她玩得比较好的同学都选择了艺术院校，但是小艾因为家庭条件一般没有去学艺术，而是选择了工科专业。朋友们都替小艾感到惋惜，小艾却觉得即使有爱好也不能凭借一腔热血去做不切实际的选择，只要规划好自己的生活，什么时候学习音乐都不晚。小艾因为读了热门的专业，毕业后很轻松地找到了满意的工作。工作几年后小艾有了一点积蓄，就利用业余时间重新开始学习音乐。因为她有音乐天赋所以很快就小有成绩，在公众平台发布了自己的弹唱作品，还吸引了一批粉丝。

小艾发现很多同学因为不满意自己的工作而选择读研，也有同学觉得小艾现在不仅有了经济基础还有很多粉丝，应该去读个研，专门进修音乐，这样可以在音乐这条路上越走越远。但是小艾并不迷信读研这一条道路，她觉得应该踏踏实实做好自己的工作，等到以后她真的能够依靠音乐养活自己时再考虑读研不迟。

很多朋友都觉得小艾固执己见，不听人劝导，小艾却觉得自己才是拥有弹性思维的人，因为自己没有固守一定的生活方式，所以有了今天的成就。

弹性思维可以说是人类进化出的一种高级思维模式。小艾就是因为拥有弹性思维才没有被禁锢在固定的思维框架里，在遇到新的改变和挑战时可以理性思考，不会随大流追求不适合自己的生活。

我们该如何锻炼自己的弹性思维呢?

1.接受不同见解

弹性思维就是要把人从固定的思维框架中解放出来，勇于接受各种不同的见解，接受各种不确定性，顺应趋势，做出最优的选择。

2.锻炼自己的定力

一个人要学会深入思考就要锻炼自己的定力，对抗外界的各种干扰，专注于自己的内心世界。只有深入思考才能让弹性思维发挥作用，把我们大脑中的海量信息联系起来，产生奇思妙想。所以要锻炼弹性思维就要学会放空大脑，给新想法留出空间。

锻炼自由思维：打破思维的桎梏，让心灵解脱

自由思维顾名思义就是打破思维定式，不受思维规则约束，自由自在地创新和想象。为什么我们要锻炼自由思维呢？

因为人大多会因为自己所处环境的局限性而产生思维定式。可以说，一个人的成长环境是其性格形成的决定因素，而一个人的工作环境则决定了这个人的交际层面，两者共同作用会让一个人形成固定的思维模式，这种思维模式甚至会决定这个人有怎样的一生。

这样的思维桎梏会让我们错失很多机会，还会局限在自己固有的认知里看不到生活中其他的可能性。只有锻炼出自由思维，才能激发出创新思维的潜能，帮助我们发现生活中被自己忽略的机会和资源，激活自己的潜力，更多地实现自己的人生价值。

小敏就是一个善于打破思维定式的人。

小敏有两个姐姐，父母是做小生意的个体户，家庭条件不是很好。受“读书无用论”的影响，小敏的父母一直不鼓励孩

子读大学，所以小敏的两个姐姐读完高中就跟着父母一起忙生意的事了。只有小敏从小就努力学习，发誓一定要考上心仪的大学。

家里的生意很忙，有时候邻居也会开玩笑劝小敏不要读大学，反正大学毕业后也不一定能找到好工作，还不如现在就跟着父母一起做生意，也不用像那些职场白领一样看老板脸色。小敏每次听了笑笑就算了，她知道父母这一辈人都生活在这个小环境中，每天忙忙碌碌地围着自己的小生意转，不懂读书的好处也可以理解。但是小敏不想过这样的生活，她想学习更多的知识，见识更广阔的世界，只有好好读书才能给她这样的机会，所以小敏一直朝着自己的目标努力，终于考上了自己理想的大学。

大学毕业后，小敏没有接受家里的建议早早地结婚，而是继续读研读博，最后做了一名高校教师。小敏很庆幸自己的坚持，让她过上了自己想要的生活。

小敏就是打破了父母那一辈的思维桎梏，锻炼出自由思维，才让自己过上了不一样的人生。如何锻炼自己的自由思维，我们可以参考以下几种方法。

1. 保持思想开放

世界是在不断变化的，人的思维和观念也应该随之不断变化，否则我们就会被束缚在一种固定的思维模式里，因为固有的偏见而陷入烦恼中。所以，要锻炼自由思维就要保持思维开放，不断接受新的信息和新的观念，只有这样才能摆脱自我设限，不再因为旧观念的局限而让自己徒增烦恼。

2. 破除思维障碍

锻炼自由思维必须破除固有的思维障碍，学会用不同的视角看问题，只有摆脱过去的经验和思维定式才能增强自己的认知能力，重新学习，掌握新的技巧，构建新的生活理念。

小测试：你的思维方式是否会引发消极完美主义

消极完美主义的特点不是追求完美，而是害怕不完美，所以存在比较严重的“不完美焦虑”。这也让消极完美主义者做事犹豫不决、过度谨慎，过分在意细节并讲求计划性。下面的小测试可以帮你测试出自己的思维方式是否会引发消极的完美主义，请根据自己的实际情况作答。

1. 你总是希望让所有人满意？

A. 完全同意　　B. 有点同意　　C. 完全不同意

2. 你认为完美是成功必须付出的代价？

A. 完全同意　　B. 有点同意　　C. 完全不同意

3.你因为追求完美而引发了严重的拖延症？

A.完全同意　　B.有点同意　　C.完全不同意

4.你对他人要求很高，也容易对他人的表现产生不满？

A.完全同意　　B.有点同意　　C.完全不同意

5.你认为一件事要么成功，要么失败，没有别的选择？

A.完全同意　　B.有点同意　　C.完全不同意

6.你几乎不接受任何批评？

A.完全同意　　B.有点同意　　C.完全不同意

7.你觉得自己从未真正地实现过自己的目标？

A.完全同意　　B.有点同意　　C.完全不同意

8.你为了完美会付出不懈的努力，甚至不惜改造自己？

A.完全同意　　B.有点同意　　C.完全不同意

解析：

选择A得3分，选择B得2分，选择C得1分。

测试结果为8—10分：你的完美主义倾向不严重，不会引发消极完美主义。

测试结果为11—18分：你的完美主义倾向有点严重，会竭尽全力避免自己成为碌碌无为的人。

测试结果为18分以上：完美主义倾向严重，总有一种从未实现目标的感觉，很容易引发消极完美主义。

第七章

解决情感危机，拥有和谐的情感人生

建立“情感边界”，不与自己和他人对抗

边界感一般是指将自我与他人、主体与客体分开，意识到“自我”与“他人”是不同的个体。在边界模糊的关系中，人们会把自己的主观意愿强加到别人身上，强迫别人接受自己的“好意”，这就是入侵了别人的边界。而比较有弹性的边界是我们既承认自己身处关系中，彼此间有联系，可以相互影响，同时又能在心理上分清自己和他人是独立的个体，做到彼此尊重。

很多人对边界感的概念比较模糊，有时候入侵了别人的情感领域也不自知。因为我们总是从自己的角度出发，觉得自己所有的关心都出于好意，没意识到对别人的关心也暗含自己的某些需要。所以当别人不领情时，我们一定要反思自己是不是越界了，是不是在感情上挟持了别人。

比如，对他人表达关心是从自我需要出发，他人有权选择接受或不接受。这个主动权和选择权在他人，我们无法控制。所以当别人明确表示不适时，我们应该适可而止，以对方能接受的方式来满足自我需求，以求达成“双赢”。

我们是不是注意到别人的边界感，有一个重要的标准就是我们与他人相处时是不是有舒适感。如果别人不接受你的好意和关心，

对方就会用自己的表情或肢体语言反馈。那么你就要做调整，建立好界限。如果不顾别人的敏感和排斥，只关心自己的需求，那么不仅不能表达自己的善意，还会给别人带来困扰。

小鹿在感情中就是一个没什么边界感的人。

小鹿是个柔弱的女孩子，总是给人一种我见犹怜的感觉。她也是比较依赖人的性格，有时候遇到感情问题，半夜三更也要给朋友打电话哭诉。很多朋友都抱怨过小鹿太黏人，没有分寸感和边界感。小鹿却没这种感觉，她觉得关系好就是应该不分彼此。

小鹿在恋爱中也没什么边界感，经常查看男朋友的手机，还不准男朋友有异性朋友。有一次男朋友下班后跟同事讨论工作，就因为对方是女性，小鹿就大发脾气，还趁男朋友不注意把这个女同事的微信删了。男朋友知道后很尴尬，还专门去跟同事道了歉。

小鹿男朋友的工作比较忙，经常会出差。每次男朋友出差，小鹿就更没有安全感了，强迫男朋友每天必须给她打视频电话，如果一天不打视频电话，她就会跟男朋友闹别扭、生气。一开始，男朋友还会配合她，但随着工作任务加重，男朋友就没时间跟小鹿视频电话了。小鹿不仅不体谅男朋友工作辛苦，还开始怀疑男朋友是不是劈腿了。

最后，男朋友终于忍受不了小鹿的各种无理取闹，跟小鹿提出了分手。小鹿很痛苦，她不明白自己错在哪儿，她觉得爱一个人不就应该时时刻刻跟他黏在一起吗?

小鹿就是因为没有边界感，所以过分操控男朋友的生活导致了分手。如果一个人在与他人的关系中注重的不是参与而是操控，必然会变得没有边界感，给他人带来困扰。

那么，我们该如何建立自己的边界感呢?

1.从小事着手

如果你平时大大咧咧，面对亲人、朋友、同事时总是习惯自作主张，又一时无法改变这种惯性思维，不妨试着从小事着手练习。其实没有边界感，本质上就是没有做到适度表达，因为自己不合适的热情得罪了人。所以，从微小处切入，循序渐进地改变自己的表达方式，从别人的角度出发释放自己的情感，这样就会有很好的效果。

2.不断地强化自我意识

边界感是一种主观的感受，主要建立在自我的认知上。自己在对他人表达情感的时候要注意对方的反馈，当别人出现不满或不习惯的反应，要及时停止自己的行为，因为每个人都有一套自己的评价标准，你的好意别人不一定能接受。

面对别人要反复衡量，哪些事情是自己可以控制的，哪些事的主动权在别人手里，只做自己可以控制的事情。当你想要关心别人，别人却不接受，那么就要反思自己的关心里是否有评判、指责、纠正等控制的成分。通常情况下那些打着“为你好”的名义做出的干涉举动，对方都不会接受。

打破“情感标签”，认识到赏识的力量

美国现代成人教育之父戴尔·卡耐基说过：“时时用使人悦服的方法赞美人，是博得人们好感的方法。记住，人们喜欢的别人加以赞美的事，便是他们自己觉得没有把握的事。”

俗话说“人无完人”，每个人都有自己的长处和短处，妄自菲薄和恃才傲物都是不可取的，欣赏别人才是正确的做法。因为懂得欣赏别人才能汲取对方的优点，从而变得越来越优秀。如果只能看到别人的缺点，那么自己也无法从别人身上学到什么。

生活中，几乎每个人都渴望得到别人的欣赏。欣赏是一种动力源，因为你在欣赏别人的时候，也在不断提升和完善自我。你表达出欣赏也将收获友谊与合作。

当然，欣赏不是廉价的吹捧，也不是无原则的夸奖，更不是投其所好的虚伪，而是建立在客观事实基础上的真实判断。懂得欣赏他人的人因为心怀善意，也会获得别人的欣赏。

学会欣赏别人，会让人际关系多一点儿融洽，少一点儿隔阂，

所以欣赏别人还可以建立一种健康和谐的人际关系。小纹就是一个赏识教育的受益者，也是一个不吝啬表达自己赞赏的人。

小纹从小成绩不好，邻居家的小孩经常笑话他。好在母亲是位小学老师，对这个年纪的小孩比较有耐心，于是自己在家给小纹补课。每当小纹成绩进步时，母亲都会夸奖他，还给他买喜欢的玩具。小纹在母亲的赏识教育下，渐渐喜欢上学习。读中学后，小纹变成了名列前茅的优等生，邻居也不再笑话小纹，还开始向小纹的母亲请教教育方法。小纹的母亲告诉大家，孩子需要多夸奖。邻居们还有些不信，以为小纹的母亲是故意藏着掖着不告诉他们。

其实，小纹不仅成绩提高了，在其他方面也有进步。他天生对各种乐器充满好奇心，喜欢的乐器也容易上手，于是大学选了艺术院校，专修音乐。

小纹成绩优异，又会弹奏乐器，在大学里很受欢迎。但小纹没有骄傲自满，反而很喜欢夸赞同学。有一次，室友写的一篇文章在校报上发表了，其他室友都不以为意，甚至有人拿这篇文章取笑作者。只有小纹认真地读了室友的文章，还真诚地赞赏室友的文笔。

一开始室友以为小纹只是照顾他的心情才夸奖他，所以非常感激他。没想到小纹后来无论是写论文还是写活动策划，都会向室友请教。这时，室友才知道小纹是真的欣赏他。

小纹跟室友在相互欣赏中成了挚友。毕业后两人也经常联系，会因为工作上的事彼此帮忙。小纹的室友在他的影响下也成了一个喜欢表达自己赞赏的人，因此受益匪浅，在公司里很受同事的欢迎。

小纹就是这样一个人，在他眼里，世界上的任何事物都有美好的一面，那么为什么要吝啬自己的赞美呢？

小纹就是做到了真正地欣赏别人的优点，他的赞赏不是逢场作戏的假意赞美，而是发自内心的由衷敬佩。所以，他收获了珍贵的友情。

每个人都应该学会欣赏，或许一切不完美是另一种形式的完美，只是看你从什么角度去发掘这种美。那么，我们怎样做才能表达自己的欣赏呢？

1.把自己的欣赏直接说出口

若真正欣赏别人的优点，就不要吝啬自己的称赞，把自己的欣赏直接说出口。直接表达赞赏可以表现出自己宽阔的胸怀和谦逊的态度，也更容易让自己交到朋友。即使碰到那些与你生活理念、行事风格、生活环境截然不同的人也不要有排斥的情绪，而是应该发掘别人的优点，加以赞赏和学习。

2.消除嫉妒心

学会欣赏别人还要消除自己的嫉妒心。嫉妒是一种不良关系的体现，会让人产生冷漠、排斥甚至敌对的负面情绪。一个低调谦虚、懂得尊重的人，总能看到别人的优点和值得学习的地方。而一个嫉妒的人永远看不到别人的优点，在他眼中别人总是不及自己。一个人在面对别人的优秀时如果只会嫉妒，那么他将不会有进步，只能故步自封，在嫉妒的情绪里落后于人。

停止“求全责备”，别让完美主义带走你的朋友

大多数完美主义者都喜欢求全责备，因为他们对他人有着超乎寻常的期待。然而“水至清则无鱼，人至察则无徒”，一个人如果对自己和他人都要求严格，事事都追求高标准，结果超出了朋友可接受的限度，那么完美主义就会带走你的朋友。所以，求全责备有时候只是一个打着“完美”名义的陷阱，这个陷阱不仅会让自己活得很累，还会破坏我们的人际关系，导致我们失去朋友。

我们必须认识到，现实世界本身就是不完美的存在，没有所谓的绝对的完美。

求全责备和追求完美只会让我们陷入更大的痛苦之中。要想获得真正的快乐就应该珍惜有限的时间和生命，不要把精力放在没

有意义的“完美”上。一个人层次越高，越有学识，就会越懂得拒绝做一个完美主义者。比起完美主义，我们更应该用探索的姿态面对世界与自己，活出自我价值。而完美主义只会让一个人苛责越来越多，与他人矛盾冲突不断，最终导致身边各种关系的破裂。

林溪就是因为完美主义让她身边的人纷纷敬而远之。

林溪从情窦初开时就对她心目中的情人做了种种幻想。在她看来，真正的情人应该是样样俱全、完美无瑕的。她期待的爱情是从一而终、让人羡慕的。但是林溪并没有找到这样的爱情，她的每次恋情都因为自己的完美主义让对方落荒而逃。她的高要求让对方感到压抑和束缚，这样巨大的压力成了她恋情失败的罪魁祸首。

林溪之所以对爱情有种种幻想是因为她本身就是个完美主义者，凡事都希望尽善尽美，自然也期待完美的爱情。不仅如此，林溪在友情上也有完美主义的倾向，她希望所有的朋友都能和她三观一致，遇到什么事都能表现得完美。如果朋友偶尔有不得体的举动，别人还没发现，林溪就替朋友尴尬起来，甚至晚上会因此睡不着，整个晚上都梦见这件尴尬的事。所以，林溪对朋友很挑剔，朋友身上只要有一点儿小毛病她就忍不住要指出来。

慢慢地，没有人愿意跟林溪做朋友了，因为跟她相处太累，还会经常受到她的指责。林溪的朋友越来越少，感情方面也不顺利。她也试图告诉自己不要求全责备，过分追求完美。她虽然明白这些道理，却做不到，所以感觉很困扰、很累，但是不知该怎么改变。

林溪之所以会在人际关系中遭遇各种挫折是因为她没有意识到现实本就是不完美的，而真实的人生其实比想象中的完美人生更丰富、更精彩。很多大家眼里完美的成功人士，也在人生中经历了很多挫折和不完美。正因为他们克服了困难，不断提升自己，在挫折中不断成长，才会给人一种天生完美的错觉。

我们要改变自己的完美主义，就要意识到世界和自己的不完美。

1.学着接受变化

完美主义者大多不敢接受变化，固执而且缺乏安全感，所以想要改变完美主义思维必须学会接受各种变化，不要躲在自己的舒适圈里，而要不断地充实自己，学会设身处地地为他人着想，更要学会换位思考。如果希望自己的人生变得更有意义，就试着改变自己，不要以完美主义为准绳，要把失败当成自己的动力，努力克服性格上的缺憾，才能活出真正的自我。

2.及时反省自己

如果对完美主义过分的追求已经让自己疲惫不堪，那么就要及时反省，是不是自己已经偏离原来的目标而追求无谓的“完美”。

要克服完美主义就要时时反省自己，用探索的心态面对自我，珍惜生命中的每一刻，把更多的心思花费在有意义的事情上，比如提升自己、充实自己，只有这样才能成就更好的自己。

3. 尝试改变自己对完美的看法

当我们深陷完美主义之中，不妨试着改变自己对完美的看法。如果事情是客观存在的，我们换个角度看可能就会有不一样的结论。比如，承认真正的完美是不存在的，那么你又怎么能要求自己或者他人完美无瑕呢？完美主义不应该是一成不变的一条直线，而应该是有高低起伏的曲线。与其做不开心的完美主义者，不如做面对现实的乐观主义者。

调整“心理落差”，享受一段“不完美”的爱情

完美主义者容易落入“知其不可而为之”的困境，因为他们对一切都要求尽善尽美，而且不会退而求其次，自然容易让期待落空，也容易出现心理落差。虽然追求完美不算缺点，但过分追求完美，得到的也只有失望而已。

拥有完美主义情结的人对爱情的追求也是一样，总是超过爱情原有的标准，希望自己的恋人在各方面都完美无瑕。而这些严苛的标准非但不会帮他们找到爱情，反而会让他们和爱情擦肩而过。如

果不愿修正自己的期望，对爱情的追求缺乏弹性，那么只能落得一个逃避现实、独自梦碎的下场。

世上并不存在完美无瑕的爱情。那些看似完美的爱情恰恰是忍受了对方的不完美，相互体贴、相互妥协得来的。完美主义者应该认识到梦想与现实有遥远的距离，寻觅完美的爱情只会徒增无奈和痛楚。

人们之所以追求爱情是因为爱情总是和幸福挂钩。而在不同的领域中，“幸福”有着丰富的含义。经济学中的“幸福方程式”告诉我们，实际效果与欲望水平差距越大，心理落差就越大，人就越痛苦。所以如果不能调整自己的心理落差，享受一段“不完美”的爱情，就会陷入痛苦之中。小馨就是一个对爱情抱有美好幻想的女孩。

小馨是个有完美主义倾向的女孩，尤其在爱情方面，她总希望自己能遇到完美无瑕的爱情，有一段浪漫动人的爱情故事。她常把《大话西游》里那句爱情名言挂在嘴边：“我的意中人是个盖世英雄，有一天他会踩着七色的云彩来娶我。”虽然这只是电影里的一句台词，她却把它当成自己的爱情宣言。

小馨曾经交往过一个男朋友。为了让男朋友的三观跟自己高度契合，她常常从理论高度跟男朋友讨论各种恋爱问题，希望让爱情保持新鲜。她希望两人在一起能保持高质量的生活，就算去一家餐馆吃饭，她也要思索如何点菜才是最优选择，比如什么样的主食搭配什么样的饮料才算一份完美的套餐。每次在点菜时小馨都很纠结，不仅给自己造成困扰，还消磨了男朋友的耐心。

理论上来说，小馨是对爱情有追求才会有那么多条条框框。但是男朋友后来一听她谈论对恋爱的完美追求和“不断完善提高”的要求就感觉头大，甚至觉得小馨有些无理取闹。后来，男朋友以自己不够完美为理由跟小馨提出了分手。小馨本以为自己和男朋友情投意合，没想到男朋友早已不耐烦。小馨开始困惑，她不知道在今后的感情中她该如何与人相处。

小馨的爱情失败就是因为她总是在做梦，并希望按照这个美梦的指引找到完美的梦中情人。然而美梦与现实总是有巨大的差距，所以她的“爱情完美主义”只是徒劳的。

从小馨的故事中我们可以学到，想要体验幸福的爱情，就要调整心理落差，学会享受“不完美”的爱情。

1.勇敢接受不完美

你眼中的不完美和不圆满可能恰恰是他人心中最渴望的爱情。因为爱情不是只有一种标准，那些无论在你眼中还是在别人眼中不完美的爱情，只要能够与当事人的心理相契合，那就是一种美好的爱情。每个人都有权利选择用自己的方式去诠释属于自己的完美。

2.不惧怕残缺

每个人都有梦想的权利，但也需要接受现实，不惧怕残缺。因为努力未必会获得成功，即使我们相信“一分耕耘，一分收获”，也会遇到希望落空的时候。所以，要有面对现实的勇气，在原来的路上再接再厉，不惧怕残缺，时时修正自己的期望，这样才能发现人生路上更美的风景。

摆脱“自利偏差”，给你的伴侣多一点儿信任

自利偏差也称为自我服务归因偏差，指的是人们常用对自己有利的一面来判断客观事物，把自己的成就归功于个人原因，而把失败的、错误的原因归咎于其他人或者外因。比如当自己成功时，人们会把自己的成就归因于内部的品质，如能力、态度、动机等；而当他人成功时则把别人的成就归因于外部的因素，如运气、环境等；当自己失败时就会把失败归于外部的因素；而当他人失败时就把其失败归于内部的品质。

自利偏差一方面会使人自我感觉良好，另一方面会通过贬低别人来提高自信心。自利偏差产生的原因有不少研究假定，基本上有以下三种解释：

1.维护自尊的需要

自利偏差是自我服务性质的，这种有利于自己的归因偏向可以维护个体的自尊，接纳好的结果有利于满足自我实现的需要。

2.期望成功的需要

自利偏差这种偏向自我的认知源于人们对成功的期望，将成功归因于自己能够满足个体的期望。另外，人们相信个体的努力与成功的结果密切相关，同时认为自己的成功是由于自己的努力奋斗而实现的，因此会出现自我拔高的倾向。而且当人们评估自己对一个情境的控制能力时，更倾向于参考过去自己成功的例子，所以会高估自己的控制能力。

3.自我防卫的需要

自利偏差也是自我防卫的需要。自利偏差实际上是一种错误归因，容易导致偏见和对方的刻板印象，影响自己的正确决策。

琪琪就是因为自利偏差，对自己的评价过高，在恋爱中总喜欢“甩锅”给自己的男朋友。

琪琪在生活中是个比较自信的人，她觉得自己不仅长得漂亮，而且性格好，身边的人都很喜欢自己。男朋友追求她时，她还一度觉得男朋友有点儿配不上自己，毕竟自己美丽又聪明，追求者众多，为此她考验了男朋友很长时间才答应他的追求。

跟男朋友在一起后，琪琪就有点恃宠而骄。两人一旦闹矛盾，琪琪就觉得男朋友性格不好，不懂得宠女孩子。有时候琪琪会缠着男朋友一起打游戏，如果赢了，她就觉得是自己这局打得好；如果输了，她就会埋怨男朋友技术太烂。

有一次，男朋友参加一个职业资格考试，结果考得不是很好，琪琪就说男朋友不够聪明，复习那么久居然还没考过。但是，当她参加公司内部的业务考试也没考过的时候，她就说是公司要求太严了，题目太难。

琪琪就是这样，当别人喜欢她时，她就觉得完全是因为自己容貌、性格上的优势；而别人不喜欢她时，她就会觉得是对方有偏见，自己并没有做错什么。这也导致琪琪对自己的评价过高，而且自己深信不疑。所以，不论是工作上还是生活中，琪琪总是习惯“甩锅”给别人，这不仅给她的人际关系带来危机，也让她的恋爱充满争吵，但她并没有意识到自己的问题。

琪琪的表现就是典型的自利偏差，凡事都是别人的错，自己没有错。很多人都是因为这种心理不思改进，一失败就归因于外界，从来不愿从自己身上找原因，认识不到自己的短处，也无法获得自我成长。

自利偏差是自身存在的思维问题，可以说很难克服。但了解这种现象的存在后，我们就可以学着进行适当的自我纠正，不让这种偏差过度影响我们的判断，进而对自己和他人都有比较中肯的评价。

1.客观看待自己的成功

任何决策的结果都是由选择、概率、风险等因素决定的，所以一个人的成功需要跟概率、能力、风险以及自己的性格特征等因素发生复杂的交互影响。只有客观看待自己成功的原因才能为下一次成功提供借鉴经验，而不是一厢情愿地以为成功都是自己的功劳。

2.认识自己的不足

每个人都有自己的不足，都会出现负面的情绪而导致失败。一个人只有在客观性、准确性和开放性方面不断进步，认识自己的不足，才能随着时间的推移不断进步，这样的积累对自己的生活也会产生重大的影响。

不做“完美主义父母”，别剥夺孩子的自信心

完美主义的父母往往教不出完美的孩子，因为父母要求太高，让孩子时时处在批评和埋怨之中，变得谨小慎微，养成自卑、胆怯的性格。这就是物极必反的道理，父母的完美主义是孩子自信心丧失的罪魁祸首。在高压教育下，孩子会在潜意识里否定自己，觉得自己做什么都不行，总是负面地评价自己，这样的孩子无疑是有问题的。

比如，独裁型的父母容易教出唯唯诺诺型的孩子。父母为了在孩子面前树立权威，不允许孩子有反对意见，孩子的性格就容易变得唯唯诺诺。而父母的完美主义到了一定的程度，就有可能引发

孩子的强迫症。比如，孩子会像父母要求的那样必须把任何事情都做到最好，如果哪个环节没有做到最好，就会强迫自己不停地改正，一直做到完美为止。但完美是不存在的，所以他们对完美的追求很可能导致严重的强迫症。

完美主义的父母教出来的孩子往往也接受不了自己的“不完美”。这些孩子不是对自己的样貌不自信，就是不满意自己的性格，长大后还会时时怀疑自己的能力……总之，他们会过于在意自己的不完美，反而忽略了自己身上的优点。

以上是完美主义对孩子造成的人格和性格上的缺陷，所以父母对孩子要求完美主义，并不是一件好事。孩子在父母的完美要求下容易产生过大的心理压力，也容易做错事，继而陷入恶性循环之中。

温青就是在父母的完美主义教育下长大的，因为达不到父母的要求，她一直对自己没什么信心。

温青的母亲是一位完美主义者，无论交际能力还是业务能力，都十分出色。为了把温青培养成才，母亲也要求温青事事都要做到完美。小时候，温青达不到母亲的要求，几乎长期处于自卑的状态。没想到，长大后的温青却继承了母亲的完美主义。

温青大学毕业后和母亲一样也成了一名教师。因为完美主义，温青一直对自己要求很高，希望自己教授的课程都能有最好的成绩。如果学生有一道题不明白，温青就会反复讲解，直到学生们都理解为止。如果有学生成绩退步了，温青就会觉得是自己能力不行，而一直处在自责中。

同事们都知道温青对自己要求高，每次温青带的班级取得好成绩，同事都会夸奖她。但每次温青都不敢说是自己教得好，只说是学生们学得好。

温青就是这样，因为从小达不到母亲的要求，所以一直有些自卑，甚至在别人夸奖她时，也不愿承认自己的优秀。

由此可见，父母要求事事完美，对一个孩子的成长并无好处。真正爱孩子的父母应该懂得没有人是完美的，要学会接受孩子的缺陷，改变对孩子的态度，以此让孩子重树信心，学会自我肯定。

要改变自己的态度，父母可以从以下几点做起：

1. 对症下药

孩子的自卑感多是由父母教育不当造成的。因为孩子的自我意识一般比较差，都是以父母对自己的看法评价自己。如果父母对孩子的要求太高，会挫伤孩子的自尊心和自信心，导致自卑感的产生。

如果父母总是对孩子挑剔，不公正地评价孩子，也会让其产生自卑感。所以，要改变孩子的自卑心理，父母要先分析原因，然后根据具体原因改变自己的行为。

2. 合理评价

合理的评价也可以改善孩子的自卑心理。这就需要父母改变自己的完美主义，根据孩子自身的能力，提出恰当的要求来增强孩子的自信心。

3. 及时鼓励

有自卑感的孩子往往长期处于批评之中，久而久之，批评对他们的效果就不大了，反而表扬、鼓励能收到更好的效果。因此，当孩子有进步时，父母一定要及时给予鼓励和表扬。如果孩子出了问题，父母也不要一味地批评，而要找到孩子的优点给予肯定。这样才能让孩子有自我肯定意识，而不是陷入自卑的情绪中。

小测试：你会成为感情中的完美主义者吗

完美主义者一般对感情中的另一半要求比较高，可以通过以下小测试判断自己是不是感情中的完美主义者。

1. 你在开始一段感情前常常会犹豫很久？

A. 完全同意　　B. 比较同意　　C. 完全不同意

2. 你对交往对象有一套完美的标准？

A. 完全同意　　B. 比较同意　　C. 完全不同意

3. 你跟别人交往的过程中特别在意细节？

A. 完全同意　　B. 比较同意　　C. 完全不同意

4. 很多人认为你在感情中要求很高？

A. 完全同意　　　B. 比较同意　　　C. 完全不同意

5. 你认为一个人犯错越少越受大家欢迎?

A. 完全同意　　　B. 比较同意　　　C. 完全不同意

6. 你不能接受对方的反驳?

A. 完全同意　　　B. 比较同意　　　C. 完全不同意

7. 你觉得一段感情如果不够完美就不要开始?

A. 完全同意　　　B. 比较同意　　　C. 完全不同意

8. 你会对自己在交往中犯的错误一直感到不安?

A. 完全同意　　　B. 比较同意　　　C. 完全不同意

9. 你对交往对象的要求比身边大多数人都高?

A. 完全同意　　　B. 比较同意　　　C. 完全不同意

10. 如果你没有经营好一段感情就会认为自己做得不够好?

A. 完全同意　　　B. 比较同意　　　C. 完全不同意

解析:

选择A得2分,选择B得1分,选择C得0分。

测试结果为0—5分:在感情中的完美主义倾向不严重。

测试结果为6—10分:在感情中有很强的完美主义倾向,对自己的交往对象也有一套完美的标准。

测试结果为10分以上:在感情中苛求完美。如果对方的价值观、爱情观或者其他条件不符合自己的标准,即使很爱对方也会考虑放弃这段感情。

第八章

缓解身心压力，打造更高效的行为模式

詹森效应：专注于压力会带来沮丧

生活中，我们常常会看到这样的现象：有些人平时非常优秀，一到重要场合就发挥失常，饮恨败北。比如，名列前茅的学生在高考中失利，实力很强的运动员在重要比赛中出错，等等。这都是因为心理压力过重，被强烈的得失心困扰，没能发挥出应有的水平。这种缺乏应有的心理素质而导致失败的现象称为詹森效应。

詹森效应是指受到某些因素的影响在关键时刻不能发挥自身水平的现象，这是将现有的困境无限放大的一种心理异常表现。詹森效应的影响比较广泛，几乎在每个人身上都有可能出现，特别是当一个人面临重大的考验，或者在重大场合发挥时，就会因为紧张的氛围和无形的压力导致内心过度紧张，影响发挥，错失良机。

下面为大家介绍一下丹·詹森的故事。

"詹森效应"就是以丹·詹森命名的。丹·詹森是美国速滑运动员，一共参加过4次冬季奥运会，到1994年挪威利勒哈默尔冬季奥运会时，丹·詹森已经赢得了7枚世界杯的奖牌，并打破过7项世界纪录，但是之前的3届奥运会留给他的只有无尽的遗憾。

在1984年的南斯拉夫萨拉热窝奥运会上，丹·詹森名列500米速滑第4。1988年加拿大卡尔加里冬季奥运会时，丹·詹森是夺金的热门，但是在500米比赛的当天早晨，他的姐姐因为肺炎去世，虽然丹·詹森在比赛中尽了全力，但情绪的波动还是无法让他发挥出最佳水平，在随后的1000米速滑比赛中，他再次失利。

在1992年的法国阿尔贝维尔冬季奥运会上，丹·詹森仍然是金牌的有力争夺者，但是他仍然与奖牌无缘。在1994年的挪威利勒哈默尔冬季奥运会上，丹·詹森是500米速滑最被看好的运动员，但是在比赛中，他滑倒了，最终只能遗憾地名列第8。

尽管在冬季奥运会上的努力一次次化为泡影，但丹·詹森并没有在7次失利面前放弃。他最后的机会是1000米速滑，对手中，有6名的成绩比他的好，但这一次，他将稳定的发挥延续到终点，以1分12秒43的成绩打破世界纪录，并夺取金牌。詹森终于以一枚奥运金牌为自己的奥运生涯画上一个圆满的句号。

丹·詹森平时训练特别刻苦，实力较强，可是真正走上赛场时，他会莫名其妙地连连失利。经过教练和心理学家的分析，他在竞技时的心理素质不强是他失败的主要原因。从此，心理学家便对“詹森效应”进行了广泛而深入的研究。

1. 克服单一错误思维

有的考生成绩不如预想的好，与“既定目标”有一定的差距，这时他们往往会放弃“第二目标”，产生“非某某学校不去”的心理。这种错误的逻辑一直影响着他们，使其学习动机过强，心理压力过重。要正确看待暂时的挫折，多元化地看待问题。其实“退而求其次”不是降低标准，而是选择另一种途径来实现梦想。

2. 挫折不等于失败

挫折并不等于失败，只是结果没有预想的好，并不等于完全失败。如果耐挫能力差，认为自己付出了努力就应该成功，便会使信心大大受挫，无法面对失败，从而产生焦虑、烦躁、失眠、视力下降等心理和生理症状。

这时就要调整负面情绪，变线性思维为多元逻辑思维，给自己备好“预案”，做好面对各种结果的心理准备，这样当挫败来临时，就不会不知所措。保持自己的信心，允许自己暂时失意，要懂得有很多因素会使既定目标不能实现，但可以“延迟”来满足，这不是消极的态度，而是一种多元化看待事物的正确态度。在“延迟”的过程中，你要保持自己的信心，不断地丰富自己，加快实现目标的步伐。如果目标迟迟未能实现，也不要抱怨、懊恼，因为个人可以控制的因素已经完成，事实上你已经可以算成功了。

破解“完美主义拖延症”，拒绝时间和精力的虚耗

拖延症是指自我调节失败，在能够预料后果有害的情况下，仍然把计划要做的事情推迟的一种行为。拖延是人类本身具有的一种逃避机制，也是一种普遍存在的现象，但严重的拖延症会让个体出现强烈的自责情绪，不断自我否定，并伴有焦虑症、抑郁症等心理疾病。

造成拖延的原因有很多，完美主义倾向就是其中之一。完美主义者通常会通过对自己的苛刻要求来提升优越感和维持自我价值感，所以为了避免失败，就会一直拖延下去，最后的结果就是放弃或者草草了事。

一个典型的“完美主义式”拖延症状，就是等待“最好的”时机。等待时机已经成为完美主义者拖延的常用借口。因为总是关注事物不好的一面，所以完美主义者非常害怕失败，这使得他们在做任何事情前都希望准备充分，面面俱到，因而迟迟无法付诸行动。所以，完美主义者对事物的过高期望已经成为妨碍自己展开行动的主要原因。

肖琳就是因为自己的完美主义而变得拖延。

肖琳是一家广告公司的文案策划，她不仅创意多，文笔也

好，一直很受领导重视。但是肖琳有一个毛病，就是拖延症比较严重。每次她写一个文案都要准备很久才开始行动，有时候甚至会拖到最后不得不加班才能完成。

为了出一个好的创意，公司一般都会给文案策划足够的时间构思，这反而给了肖琳拖延的理由。每次写文案前，肖琳都会对自己的策划有很高的期望，既希望逻辑清楚，又希望语言幽默又有深度，最好是领导看了就拍案叫绝。抱着这样高的期待，肖琳在收集资料阶段就会花费很多时间，不论是需要还是不需要的资料，她都会收集到一起。然后她就开始不停地构思，但不开始行动，因为觉得自己没有准备好就一直拖延，常常拖到最后一天才开始动笔。拖到最后，因为时间不够，肖琳常常要加班到深夜才能按时把策划文案提交上去。

每次完成一个策划，肖琳就会发誓下一次一定不能拖延，一定要早早地开始行动。但是，肖琳每次都控制不住自己，在无数个“下次”里继续拖延。

“要么不做，要做就做最好”是肖琳的座右铭，就是这个想法让她处处以完美主义的标准要求自己，这也是造成她拖延症的根本原因。

“完美主义”的标准成了肖琳拖延的借口，而这个标准并没有帮助她把事情做到最好，反而消耗了她的精力，让她陷入拖延之中。

很多事没有所谓的“最好”的时机，灵感或良好状态往往是在一件事开始之后才出现的。所以当我们面对一项任务时，决定了开始时间之后就要立刻着手去做，只有这样才能避免浪费时间。

拖延从根本上来说不只是时间管理方面的问题，而且是一个复杂的心理问题。想要克服拖延症，我们可以参考美国学者简·博克和莱诺拉·袁写的《拖延心理学》中的建议。在这本书中，作者给出了以下几个有效解决完美主义型拖延症的方法：

1.先完成，再完美

时刻提醒自己先完成，再完美。如果一件事都无法完成那就谈不上完美。

2.树立可操作的目标

确保自己的目标是可操作性的，而不是模糊、笼统、抽象的。不要把目标设定得过于理想化，过于完美，而要选择一个能努力完成的目标。然后将目标分解成有具体时间节点的小目标，只有完成这些小目标才能完成大目标。

如果时间来不及，就必须减少目标、细化目标，把时间和精力集中在最有价值的事情上。

3.安排好可用的时间

学会对自己的拖延习惯说“不”，不要去做额外的不必要的事情。根据具体任务安排好可用的时间，确定开始的时间后就立刻着手去做。只要迈出开始的一小步，就能克服拖延的心理。

4. 提前考虑困难和挫折

如果我们在做事之前总想要准备充分，就要提前考虑可能出现的困难和挫折。只有准备好预案，才能在遭遇困难时更好地解决问题，这也能反映自己的价值。

三分之一效应：冲出“完美”的围城

人们在生活中经常面临很多选择，受个人固定模式的影响，人们根据个人偏好做出的选择却不一定是正确的。比如，当一个人只有两种选择时，在二选一的情况下，人们往往能快速选出更好的一个。但是，如果人们的选择变多，选择难度反而会随之增大。最后，人们会因为无从选择而陷入迷茫中。在心理学中，这种心理偏差被叫作“三分之一效应”。

三分之一效应属于决策中的心理偏差，反映了一个人选择很多的时候反而会失去选择。这种心理偏差跟完美主义有关。完美主义的思维方式要求任何事情都尽善尽美，所以在做决策时缺乏一定的弹性和灵活性。尤其在职场上，完美主义者对人、对己都只有一种态度，那就是凡事必须毫无缺点，因此会苛求自己和他人达到理想的标准，而很少根据实际情况做决策。

当一个人只会不断苛求自己的时候，“完美”的围城就开始阻碍他的决策。因为每个人的精力都是有限的，不可能事事做到完美，如果把所有的精力都放在完美的标准上，那么做出的决策只是为完美主义服务，而不是为了工作本身。

晶晶就是职场上的一个完美主义者。

晶晶在一家广告公司做设计，作为完美主义者，她对自己的工作一直要求比较高，每天都在思考自己的设计稿怎么样才能让客户满意又有艺术感。有时候，为了一个配色或者一种字体，晶晶都要思考很长时间。因为完美主义，晶晶虽然工作做得不错，但效率不是很高。比如，有一次上司跟她说客户让公司在3天内做出3个方案供其选择，而晶晶为了让客户满意3天里只尽善尽美地完成了其中一个设计，而剩下的两个设计稿还在构思中，都没开始做。客户对此很不满意，上司也把晶晶批评了一顿。

晶晶自己也不想拖延，但是每次她做设计时都要反复构思，确保最后的设计稿完美无瑕，为此她还会不停地让同事给她提意见，搞得同事也不厌其烦。晶晶想改掉自己的这个毛病，但每次她快速设计完海报后都会想设计稿是不是有什么问题，甚至下班回家了，她也要把设计稿找出来再看一遍。

这样的事情经常发生，晶晶越怕自己出什么错，设计就做得越慢。最后因为晶晶拖延太严重，公司接受不了她的低效率就把她解雇了。

晶晶就是因为没有根据实际情况做决策，所以有了三分之一效应的心理偏差。如果想要克服这种心理偏差，可以从以下两点做起：

1.根据实际情况做决策

在有了既定目标之后要根据实际情况做决策，放弃对完美主义的苛求，要懂得运用自己的经验和智慧，判断这项工作的任务量，由此做出合理的进度计划。

2.把精力放在必要的事情上

每个人的精力都有限，不可能把所有的事都做到尽善尽美，所以当自己感觉累的时候，不妨停下来理性判断一下，把精力放在必要的事情上，然后集中精力去完成。那些没有必要的工作流程能省则省，不要在上面浪费太多的时间。只有懂得取舍，才能真正提高工作效率，这才是正确的选择。

不值得定律：天下没有圆满的工作

不值得定律是一个管理学中的经典定律，简单来说就是不值得做的事情，就不值得把它做好。不值得定律揭示的是人类共有的一种心理反应，即对自认为不值得做的事会敷衍了事，缺乏激情，哪怕最终完成了任务也不会有多少成就感。

不值得定律给那些纠结于主观意愿与客观环境矛盾的人们指明了方向，那就是坚持选择自己热爱的、认为值得做的事情，才能在成功后获得成就感。所以，每个人都应在多种选择中挑选一种自愿为之奋斗的目标，因为只有选择自己热爱的事业才能激发自己的奋斗热情，最终获得成功。

根据这个定律，从管理学角度来看，一个企业或组织也要根据员工的性格特点合理地分配工作，让成就欲较强的员工做团队主力，并在其完成时给予肯定和赞扬；让随波逐流的员工更多地参与到团队工作中；让权力欲较强的员工担任管理者，这样就能激发员工的热情。

不值得定律看似简单，但非常重要。生活中，很多优秀的人就是因为做了自己觉得不值得的事而自寻烦恼，搞得心浮气躁，最终耽误了宝贵的时间和机会。

祁俊就是一个有勇气对不值得的事说“拜拜”的人。

祁俊大学毕业后在父母的要求下回到老家工作。在父母的要求下，祁俊经过努力应聘进了一家国企，负责市场开拓工作。市场推广是一项比较辛苦的工作，不仅要跟很多人打交道，还要经常加班，祁俊觉得自己大部分的精力都花在跟工作有关的事情上了。但祁俊是个有点内向的人，不喜欢跟人打交道，每天花这么多时间在不喜欢的事情上，让他感觉很痛苦。上班就盼着周末成了祁俊工作的常态，他觉得这份工作根本就是在浪费自己的生命，实在坚持不下去了。

祁俊从小就喜欢摄影，大学时他靠自学有了很好的摄影技术。他的理想是当一名摄影师，把美好留在自己的镜头里。祁俊找到工作后也没忘了自己最初的梦想，终于在坚持半年后，祁俊还是提交了辞呈。父母对他的决定很生气，但这次祁俊没有妥协，为了追求自己热爱的事业，祁俊没有再听父母的安排，而是跟朋友一起开了一个摄影工作室。

自己创业比之前市场开拓的工作更辛苦，但祁俊斗志满满，恨不得吃住都在公司里。为了扩大业务，祁俊不再害怕跟人打交道。他把所有的时间都用在研究摄影和发展客户上，几乎没有自己的时间，但再也没抱怨没有业余生活。

祁俊后来跟朋友谈起这段经历时感慨万千。他很庆幸早早地离开了那个不能让自己振奋的工作环境，没有在不值得的事上浪费太多时间。他觉得只有追求自己认为有价值的事，才会为之付出一切。

祁俊的经历说明做一件正确的事情要比正确地做一百件事情重要。把一件不喜欢的事做得乱七八糟就是在浪费时间和生命。想着“随便找份事情做”的人，一定要及时清醒过来，摆正心态，找到值得做的事，全力以赴地实现梦想。

1. 只做正确的事

正确地做事和做正确的事是有很大区别的。通俗来讲，正确地做事就是按部就班，只对流程负责，不关心目标能否实现，对自己所做的事没有热情，是一种被动的、机械的工作方式。在这种状态下，工作的人往往没有目的性，而且容易患得患失。

而做正确的事是一种主动的、目的性强的工作方式。这种工作状态不仅要对目标负责，还要有创造性，能够发挥主观能动性，在注重流程的同时努力完成目标。由此可见，做正确的事比正确地做事更重要。

2. 丰富自己的人生阅历

一个人只有不断学习才能不断补充知识，增强辨识能力，丰富自己的人生阅历。而只有增加知识、提高辨识能力，一个人才能正确分辨哪些事情是值得做的，哪些事是不值得做的。所以，当你感到迷茫时，先提升自己，再去选择值得做的事。

3. 换位思考，善于听取他人意见

俗语说“旁观者清，当局者迷”，一个人只从自己的立场出发很难看清楚是非曲直。只有学会换位思考，以他人的眼光来看待自己所做的事，才会有不同的看法。如果你在做一件不得不做却觉得

没有意义的事，不妨站在宏观的角度思考，也许就会多一些理解与包容，考虑问题时会更全面，这样也会对一些事情有所改观。

成败效应：增加成就感，让自己换一种心情

心理学家格维尔茨通过实验发现，那些学习能力强的学生更喜欢挑战自己，他们在解决了一个难题后，更有兴趣选较为复杂的问题，而不愿把时间花在另一个类似的问题上。通过解决更难的问题来探索新的解题方法，可以让学习能力强的学生在解题过程中对学习产生更浓厚的兴趣。这表明学生的兴趣不仅来自容易获得的成功，而且来自那些需要自己努力克服困难才能达到的成功，这样才会让他们在成功后获得更大的愉悦感和满足感。这就是努力后的成功效应。

而那些学习能力较差的学生，在付出极大的努力仍然不能成功后，失败的经验会不断累积。失败的次数过多往往会导致这些学生失望、灰心，甚至厌弃学习。这就是努力后的失败效应。

成败效应表明能力强的人和能力一般的人在心理方面有明显的不同。能力较强的人更喜欢挑战难度大的问题，他们对目标的兴趣不仅与是否成功有关，而且跟自己的努力有很大的关联，只有通过自己的努力克服困难达到成功才能让他们获得更大的满足感并不断自我提升。而能力一般的人，如果在努力之后仍不能获得成

功，那么就有可能产生挫败感，乃至陷入自暴自弃之中。

因此，我们在生活中应该根据自己的能力设定目标，如果认为自己的能力比较强就可以将目标逐渐提高；如果认为自己的能力稍弱就可以将目标适当放低，以便适合自己的能力和经验。

成败效应在孩子的教育中比较常见，程芯就在孩子的学习中体会到成败效应。

程芯从小到大都是学霸，性格也比较更强，平时在工作上碰到什么难题从不放弃，都是想办法自己解决，但是程芯孩子的性格却跟她大不相同。程芯和丈夫都是博士毕业，本以为儿子小圆会遗传两人的学霸基因，谁知孩子从小学起成绩就不怎么好。现在小圆已经读到初三，即将升高中，但是他的成绩在班上一直处于中等，不太可能考上重点高中。

程芯为孩子的学习问题一直忧心忡忡。她平时在家的主要任务就是督促孩子学习，希望他发愤学习，成绩能到班级上游。但是她越督促小圆越不爱学习，尤其是考差了之后，小圆不仅不会吸取教训，反而成绩一次比一次差，都快落到下游了。

程芯心急如焚，各种方法都尝试了，但孩子的成绩还是没有太大提高，最后只好给孩子报了补习班。补习班的老师跟程芯的教育方法完全不同。补习老师了解了小圆的情况后，没有为了快速提高成绩把课程内容难度定得很高，而是根据小圆的实际情况，制订了符合他目前能力的补习计划。因为难度不是很高，小圆在补习时也慢慢增强了自信心。老师在原来的基础上逐渐增加课程的难度，小圆也没有感到困难，轻松地跟上了老师的进度。

程芯本来还有些质疑老师的教学方法，但看到小圆的成绩进步很大，这才认识到每个孩子的学习能力有所不同，适合的学习方法也不同。

小圆的进步说明针对能力不同的孩子要选择不同的鼓励方法和刺激手段才能让他们获得进步，产生对学习的兴趣。

同理，成败效应对成年人也适用，如果我们本身的能力很强，就可以对自己提出更高的目标，在高目标中获得突破，也更容易从中获得成就感。但是，如果自己的能力较弱，就不应该强迫自己达到不可能达到的目标。这不仅不能让自己获得进步，还会起到反作用，让自己变得不自信，进而否定自己。

具体来说，我们该如何为自己制订目标呢？

1.找到正确的方向

想要增加成就感先要找到正确的方向，也就是说要从事自己感兴趣的工作，或者符合自身专长的工作。如果对自己的工作既不喜欢又不擅长，就难以获得成功，自然也谈不上成就感了。

2. 对自己适度期待

如果感到自己的能力有所欠缺，就要适当降低对自己的要求，给自己适度的期待。当自己达到较低的目标时，也要及时给予自己肯定，然后制订更高一点的小目标。通过择优循序渐进的方式，我们就能不断取得进步，逐步增强自己的能力。

3. 对自己适度奖励

要相信“付出就有回报”。当我们达到自己设定的目标时要适度奖励自己。适度奖励可以让我们继续提升，也可以督促我们不断进步。

4. 挖掘自己的兴趣特长

要认识到目前的工作并不是衡量自己能力和前景的唯一标准，否则就会陷入片面化的误区。如果当前的工作不适合自己，我们无法在现在的岗位上发挥自己的实力，那么不如挖掘其他的兴趣特长，换一个适合自己的工作。在合适的岗位上我们才能充分发挥自己的能力，变得更自信，人生目标也会更明确。

5. 培养好的性格

如果我们暂时没有感兴趣的领域，可以努力让自己变成一个活泼开朗、乐于助人的人，这样我们会吸引更多的朋友，也可以提升自己的价值。要记住，好的性格也是一种“特长”，有时候甚至比能力更重要。

小测试：你是否能够及时缓解完美主义带来的压力

追求完美往往是完美主义者走向失败的原因，因为完美是无法实现的。完美主义也可能是压力、焦虑和抑郁的根源。下面的小测试可以帮助你了解自己是否能及时缓解完美主义带来的压力，请根据实际情况作答。

1.你对自己的能力一直保持一种乐观的心态？

A.符合　　B.比较符合　　C.不符合

2.你可以接受广义上的优秀，不刻意追求狭义上的完美？

A.符合　　B.比较符合　　C.不符合

3.你会为自己设定一个时间限制，不会因为准备得不够完美而停滞不前？

A.符合　　B.比较符合　　C.不符合

4.你会尝试新事物，将自己从完美主义的极限中解放出来？

A.符合　　B.比较符合　　C.不符合

5.你会学着拓宽自己的价值体系，从不同的角度看待成功和失败？

A.符合　　B.比较符合　　C.不符合

6.你有时会把自己放在第一位，但不会过分关注完美？

A.符合　　　　　B.比较符合　　　　　　C.不符合

解析：

选择A得3分，选择B得2分，选择C得1分。

测试结果为0—8分：你对完美主义比较执着，但是会尝试新事物，学着享受新事物带给自己的新鲜和快乐。

测试结果为9—12分：你会学着缓解完美主义带来的压力，不过分纠结细节，也不会因为完美主义停滞不前。

测试结果为12分以上：你可以缓解完美主义带来的压力，对你来说找到适合自己的结果最重要，你不会完全根据目标完成的情况进行自我评价。

第九章

摆脱“完美”的枷锁，享受轻松、快乐的生活

关注超限效应：把握好“完美”的分寸

超限效应是指刺激过多、过强或作用时间过久，从而引起心理不耐烦或逆反的现象。超限效应在生活中比较常见，几乎每个人都有可能因为刺激过多而产生逆反心理，尤其是在孩子的教育中，把握不好分寸很容易出现超限效应。

很多完美主义的父母都喜欢在孩子身上投射一个优秀的形象，希望自己的孩子在各方面都表现得完美无瑕。因此父母会对孩子提出各种各样的要求，以督促孩子向自己心中的完美目标发展。少量合理的要求孩子可能还会欣然接受，但是如果父母要求过多又控制不住自己反复督促，可能会让孩子感到沉重的压力，最终因无法实现父母过高的期待而产生逆反心理。这就是生活中比较常见的超限效应。

所以，完美主义者要把握好分寸，注意完美的“度”。如果过度要求完美很可能会产生超限效应。

林歌的父母都是完美主义者，所以她对超限效应深有感触。

林歌是在严厉的家庭教育下长大的，父亲奉行“铁腕教育”，在家里说一不二，母亲是个典型的完美主义者，不仅凡事都追求完美，还有点儿强迫症。林歌对家庭的印象就是父亲的严厉和母亲的谈话。

林歌一直是个优等生，因为母亲作为一名教育者不允许自己的孩子成绩不行，所以林歌读书时除了老师布置的作业，还要熬夜完成母亲额外布置的任务。如果哪天林歌因为作业太多没有完成母亲的任务，父亲就会批评她，而母亲会长时间地跟她谈话，将以前教育过她的话没完没了地再说一遍。林歌有时候看着母亲的嘴，却听不到母亲在说什么，每句话她都听不进去。

在这样长时间的交谈中，林歌往往无法集中注意力，没多久就开始东张西望，或者开始摆弄桌上的文具。但是如果母亲发现林歌没有专心听，就会把自己的话重复一遍。

林歌有段时间逆反心理特别严重，成绩下滑得很厉害。在这种情况下，母亲也没察觉自己的问题，反而变本加厉地管教林歌。林歌忍受不了母亲的唠叨，于是发愤图强，考上了市重点，过上了寄宿生活。之后，林歌才摆脱了母亲的“念咒大法”。

林歌读大学时选择了外地的学校，毕业后也没有回家工作，就是为了摆脱母亲的碎碎念。从小林歌就发誓长大后绝不像母亲一样给别人那么大的压力，所以她与人相处时特别注意分寸，就怕过度沟通让人感到厌烦。林歌工作后也秉承这样的原则，她在指导下属或者帮助同事的时候，都是一次性把问题说清楚，从不在一个问题上反复纠缠。她知道反复强调只会让人产生厌烦的心理，不利于日后的沟通和共事。

虽然林歌在母亲的影响下也有一些完美主义的倾向，但是她时刻注意把握自己的分寸，不对同事和下属提出太多的要求。尤其在公共场合，林歌从来都是言简意赅，尽量在几分钟内讲完自己的重点，就是怕自己发言时间太长，听众难以接受。

林歌对超限效应深有体会，所以时刻提醒自己把握分寸，不做一个喋喋不休、惹人厌烦的人。超限效应主要出现在沟通上，那么我们该如何克服沟通中的超限效应呢?

1.明确自己的沟通目的

明确目标是做事的关键，沟通也一样。与别人沟通时最好能抓住重点，分清轻重缓急，切忌漫无目的、絮絮叨叨。只有明确自己沟通的目的，突出重点内容，围绕重点阐述，才能做到主次分明，干净利落，避免对方出现厌烦的心理。

2.语言清晰有条理

沟通的第一要点就是有条理性。如果思维跳跃，沟通中的信息量太多、太杂，对方听多了也会产生厌倦的感觉。所以，沟通时要做到语言清晰而有条理，注重逻辑性，把自己的观点条理分明地表达出来。不要做无效的发言，那样只会浪费自己的时间。

3. 善于倾听

沟通应该是一种互动的方式，而不是一个人的独角戏。所以，在沟通时要学会倾听，让别人也有说话的机会。当双方都有机会阐述自己的想法时，沟通才是有效的，而单方面的沟通只会让人产生逆反心理。所以，在学会表达的同时也要学会倾听，互动的沟通才是高效的。

戒掉“完美成瘾”：试着打破生活中的坏习惯

哈佛大学心理学硕士、哲学和组织行为学博士泰勒·本-沙哈尔在其所著的《幸福超越完美》一书中提到“苛求完美恰恰是人们寻求幸福最大的障碍”。这句话言简意赅地概括了完美主义的危害。如果你已经对完美主义走火入魔，在生活中不是追求幸福，而是追求完美，那么这将成为你无法获得幸福的原因。

为什么追求完美的人不容易幸福呢?

我们都知道追求成功是人类的天性，几乎每个人都渴望成功，许多人都是在成功中感受自我价值的。非完美主义者成功后一般会享受其中，并且欣赏自己的成功。但是对完美主义者来说，他们的眼中只有完美和不完美两个极端，没有中间地带，如果他们在成功的过程中出现了瑕疵，那么这个成功就不完美了，他们也就无法享受自己的成功，肯定自己的价值。

尤其是那些“完美成瘾”的人，他们非常害怕失败。因为害怕失败，他们不敢轻易开始做一件事，这就导致他们更加容易失败。这样的恶性循环让他们陷入严重的焦虑之中。比起失败，严重的焦虑感对幸福感有更大的破坏力。完美主义者会因此陷入极端，即一旦真的失败，他们就会彻底崩溃。

而且完美主义者无法享受当下的快乐，他们总是在期待下一次成功。他们的人生总是处于自我超越中，所以很难获得幸福感。

林俊就是永远在追逐下一次成功的完美主义者。

林俊从小到大都活在父母的期待里。他也没让父母失望，读书时一直是优等生，从重点小学读到了重点大学。考上大学后，林俊并不轻松，为了选择一个好专业，他纠结了很长时间，最后综合父母的意见选择了计算机专业。选择了一家人都满意的专业，林俊却并不开心，因为他更喜欢文学，只是为了毕业后好就业他才选择了计算机专业。

真正步入大学后，林俊没有自己想象的那么开心，因为大学的竞争也很激烈，他必须名列前茅才能拿到奖学金。而且进入这所高校的学生都非常优秀、努力，因此林俊必须非常努力才能保持一直以来的好成绩。这时林俊才发现自己一直把弦绷得紧紧的，一刻也没有放松过。完美主义像悬在他头顶的一柄长剑一直驱使他不停地向下一个目标前进。虽然每次他都获得了成功，但是他并没有感到快乐，因为总有下一个目标等着自己。

现在林俊如愿以偿地读完了自己梦想的大学，可是很快他又有了新的压力，那就是找到一份理想的工作。大四毕业前夕，他凭借优异的成绩和在学生会锻炼出来的组织能力获得了一个很好的实习机会。林俊非常高兴，因为这意味着他离梦想的工作又近了一步。

实习结束后，林俊留在了喜欢的公司里，他的压力又出现了，因为周围都是优秀的人才，他并没有多大的竞争力。他只能继续努力，继续拼搏，为了从普通员工升职为主管。主管之后是高管，高管之后是合伙人……总有下一个目标等着自己，林俊觉得非常辛苦，一点儿也不快乐，他不知道自己的终点在哪儿。

林俊的痛苦就在于他无法享受当下的幸福，总是在追逐下一个目标。他只有摒弃完美主义者的极端思维，学会享受当下，才能接纳自己的不完美，过上幸福的生活。

怎么做才能停止追求完美、拥抱幸福呢？

1.摒弃完美主义者的极端思维

完美主义的根源是“要么全有，要么全无”的极端思维。如果把事情只分为对错、好坏、失败或成功，那么我们会无法享受自己的成功。因为在通往成功的路上，无论多么微小的错误，对于完美主义者而言都是一种失败。

只有摒弃这种极端思维，认识到两个极端的中间还存在许多可能性，并且价值非凡，才能让我们在不算完美的表现里找到自我价值并获得满足。

2.享受当下

我们都生活在现实的世界里，而非完美的世界里，所以我们的精力有限，只能追求“最优”的生活，因为“完美”的生活是不存在的。这就意味着我们只能在生活中寻找最佳的方案，也就是在各种要求的限制下，尽自己所能做出最好的选择和安排。

在现实的各种限制下，完美主义者试图在每一方面都实现完美是不可取的，最终只会导致妥协和挫败。只有“最优”这种思维方式才能引导人们做到最好，达到个人表现的“完美”水平。

停止“攀比心理”：提升对生活的满意度

攀比心理是指个体发现自身与参照个体发生偏差时产生负面情绪的心理过程。因为个体与参照个体之间具有极大的相似性，所以导致个体自身被尊重的需要过分夸大，虚荣动机增强，甚至产生极端的心理障碍和行为。

攀比心理是一种正常的心理，几乎每个人都有，正常程度的攀比心理甚至有利于个体的进步。如果两个人互相攀比怎么努力，怎么进步，会有助于相互的发展。

但是如果人的攀比心理不受控制，就会让人产生极端的心理障碍。比如嫉妒心理就是不正常的攀比欲望导致的。嫉妒心理可以说是人性的弱点之一，也是一种典型的狭隘心理。有嫉妒心理的人害怕别人超过自己，会有破坏别人优越地位的心理倾向，强烈的嫉妒心甚至含有憎恨的成分。在个体之间差异性很小、外界条件基本相同的情况下，攀比心理很容易演变为嫉妒心理，从而引发消极情绪，严重时还有可能危害他人的利益。

根据产生的作用不同，攀比心理可分为正性攀比和负性攀比。

1. 正性攀比

正性攀比指正面的积极的比较，是在理性意识驱使下的正当竞争，往往能引发个体积极的竞争欲望，产生克服困难的动力。

2. 负性攀比

负性攀比指那些消极的、伴随着情绪性心理障碍的比较，会使个体产生巨大的精神压力和极端的自我肯定或自我否定。

过度的攀比会让人产生不健康的心理。如果一味地沉溺于攀比中无法自拔，对人对己都很不利。一旦攀比心理需求无法得到满足，个体就容易产生挫折感和自卑情绪。而且盲目地跟风攀比，会让人变得没有主见，到头来只会迷失自己，迷失方向，影响自己的发展。

小满就是一个攀比心比较强的女孩。

小满的个性比较要强，凡事都喜欢跟别人比较，总觉得自己比身边的朋友都强，自己是最优秀的。一旦身边的人有哪一点比她强，她就没了优越感，浑身不自在，也不愿再跟这个人相处。就是出于这个原因，小满大学时跟一个很好的朋友闹掰了。

小满读大学时有一个很好的朋友，两人兴趣相投，有很多共同语言，几乎无话不谈。小满原以为两人能做一辈子的好朋友，但是快毕业时，两人却闹了点不愉快。因为朋友想考一所名校的研究生，小满也想考，但是她的学习成绩只能算中等，报考普通大学的研究生还有希望，报考名校就有点吃力了。但是她不想比朋友差，于是跟朋友一起报了这所学校的研究生。结果朋友考上了，小满却落榜了。小满心里非常不舒服，觉得两人成绩差不多，为什么朋友能考上，她却失败了，不知道是不是朋友偷偷报了什么补习班没告诉她。小满就这样疑神疑鬼，最后嫉妒心作祟，主动跟朋友绝交了。之后，小满再也没找到关系那么要好的朋友。

工作后，小满也爱跟同事攀比，比如看同事买了名牌包包，她就也想买一个，甚至透支信用卡也要满足自己的虚荣心。这种过度的攀比心让小满背上了重重的卡债，但是小满没意识到自己的问题，看到同事买了什么奢侈品，她还是忍不住跟风。

小满就是为了满足自己的虚荣心才事事攀比。想要改变这种负性攀比只能通过合理的自我调节，将负性攀比转化为正性攀比，帮助自己建立正确的比较观念，具体的方法如下：

1.转变心态，获得动力

向上比较带来的不全是负面影响。如果能转变心态，把自己与他人的差距当作一种激励，把比你强的人当作自己的良师益友，诚心向别人学习，不断缩小差距，终有一天你也会进步。

转变心态还可以运用自我暗示的方式进行自我肯定，经常夸赞自己、鼓励自己，久而久之，盲目比较的习惯就会有所改善。自我肯定的心理暗示可以在短时间内改变一个人的生活态度和心理预期，增强个体的心理承受能力。

2.进行纵向比较，减少盲目地横向比较

纵向比较可以让自己有更清晰的自我认知，所以只要发现自己比过去进步就多多鼓励自己，以此来坚定的信心。横向比较在某种程度上也可以帮助自己找到不足之处，但盲目的横向比较，比如与和自己差距过大的人比较，就会打击自己的信心。

3.创造自己的多维度优势

虽然一部分人在某些方面有得天独厚的条件，我们无法与其进行比较，但是我们可以提高自己在其他领域的专业能力，或者提高自己的综合能力。创造自己多维度的优势，也可以让我们增强自信心。

边际效用递减法则：重新找回幸福的感受

边际效用递减法则是经济学中的一个定律，又称为“戈森定律”，简单来说就是开始的时候收益值很高，越到后面，收益值就越低。如果用通俗一点儿的说法来解释这个定律，就是同样的事情人们做得越多，所能得到的满足感就越少。

幸福感也适用于边际效用递减法则。幸福是占有稀缺东西带来的满足感，包括物质和精神两方面，也就是财富和感情。当我们的财富达到一定程度后，财富带给我们的幸福度就降低了，这时就需要精神上的满足来弥补幸福感的缺失。实际上，精神满足比物质富足更容易让我们产生幸福感。因为即使在物质匮乏的时候，精神在提高幸福感方面也扮演着重要的角色。比如，乐观的人比悲观的人更容易满足现状，也更容易感受到幸福。

如果我们能享受当下的简单生活，也能提升自己的幸福感。与其对着名车、豪宅感叹，不如丰富自己的精神世界，让自己找到幸福的寄托。

正在谈恋爱的媛媛对边际效用递减法则深有体会。

媛媛对爱情抱有很高的期望，希望自己的男朋友温柔体贴，心里只有自己。媛媛的男朋友确实很符合她的标准，总是无微不至地照顾她。两人刚认识的时候，男朋友对她几乎有求必应，会记得她喜欢的大事小事。即使媛媛有时候无理取闹，男朋友也不会生气，甚至夸媛媛发脾气的样子很可爱。不仅如此，男朋友还是个细心的人，会记得每个重要的日子，甚至在不重要的节日也会给媛媛意外的惊喜和浪漫。刚开始恋爱的时候，媛媛觉得自己就像小公主，幸福得不得了。

可是随着两人交往的时间长了，媛媛发现男朋友变得没那么殷勤了。男朋友总是说自己工作忙，经常不回微信，也不接电话，甚至不再跟她说早安和晚安了。因为男朋友工作忙，两人的约会也少了，有时候约会中男朋友接个电话就去加班了。

媛媛觉得男朋友变了，以前放十分心思在自己身上，现在估计连一半都没有了。有时候媛媛闹个小情绪，男朋友还会嫌她不懂事。媛媛觉得男朋友那么匆匆忙忙应付自己肯定是对她没有爱，所以不愿再说甜言蜜语，也不宠她了。媛媛受不了这种心理落差，跟男朋友提出了分手。

男朋友有些诧异，觉得两人的感情还不错，为什么无缘无故说分手。媛媛就把原因告诉了男朋友，男朋友恍然大悟，跟媛媛解释说：“感情是需要两个人共同经营的，没有谁可以做到把精力全放在一个人身上。你觉得我不像以前那么宠你了，那是因为我最近工作比较忙。但这不代表我不爱你，我还是会给你买好吃的，陪你玩好玩的，陪你一起慢慢变老，这还不够吗？”

媛媛听了男朋友的话觉得自己是有些无理取闹，两个人在一起的时间越久对彼此的好奇就越少，就不会像以前那样时刻黏在一起了，但只要用心经营，就能从平淡的生活中感受到幸福。如果不能相互理解，也许感情就会在平淡的日子里消磨殆尽了。

媛媛觉得男朋友不爱自己是因为幸福的效用在平淡的生活中慢慢递减。递减以后，大部分人对感情就没有那么积极了。如果不善经营，很多感情就会因为越来越低的幸福感而结束。

爱情和生活都有很大的经营空间，每个人都会因为自己的用心经营在感情上获益良多。人类所拥有的每一种感情几乎都包括三个层面，即新鲜感、信任感和精神互动。新鲜感是原始的吸引力，是感情的黏合剂；信任感是安全感的来源；精神互动则决定感情的质量。经营每一份感情都要注重每个质量层面的提升，也要维持各层面之间的均衡，这样才能保证幸福感不会进入边际效用递减的轨道。

1.维持新鲜感

维持新鲜感对于爱情尤为重要，作为一种与亲情、友情不同的情感，爱情会给人们带来一种全新的情感体验，是相互吸引的前提。保持新鲜感才能让自己长久地投入感情，不仅能提升对方的幸福感，也会因为新鲜感带来的吸引力提升自己的幸福感。

2.维持信任感

无论哪种感情都要维持彼此之间的信任感。爱情、友情、亲情都会因为信任让彼此相处的时间更长，亲密度更高。信任感会给双方带来很强的安全感，尤其当人们面临困境的时候，这种安全感会显得更加珍贵。

3.维持精神互动

精神互动决定了感情质量的高度，只有良好的互动和精神交流才能营造良好的精神交流氛围。人类终极的快乐和幸福都来自精神领域，良好的精神互动可以让人们体会到最高层级的幸福感。

牢记“幸福公式”：幸福=效用/欲望

美国著名经济学家保罗·萨缪尔森有一个著名的幸福公式：

幸福＝效用/欲望。从公式来看，幸福取决于两个因素，那就是效用与欲望。效用是一个主观概念，比较抽象，在经济学中表示个体从消费物品中得到的享受或满足。因为效用是一种主观体验，所以取决于每个人在消费中获得的真实感受，并不是消费的价钱越高效用就越高，也有可能消费越多效用越低。欲望是指能让人感到愉快或满足的目标，对于大多数人来说欲望就是过上高品质的生活。

萨缪尔森的幸福公式简单易懂，但不是每个人都能理解这个简单的道理。仔细地分析这个公式的内涵和外延，也许可以帮助我们更深刻地认识幸福。

1.幸福与效用成正比，与欲望成反比

在欲望既定的条件下，效用越大就越幸福，而在效用既定的条件下，欲望越小就越幸福。同时，欲望无限大或趋于零都无法得到幸福。因为如果欲望无限大，就永远无法得到满足，所以就没有幸福可言。如果欲望是零，自然体会不到满足后的愉悦感，所以没有欲望也就没有幸福。

2.效用与主观感受有关

幸福是一种主观感受，是精神方面对消费的享受和满足。幸福的感觉和消费物品的多少、贵贱不一定成正比，只和主观感受有关。

3.效用与时间呈正相关

人们对物质的享受和时间有关，也就是说人的生命越长，享受就越多，效用也就越大。所以，健康很重要，拥有健康的人会比较幸福。

显然，萨缪尔森的幸福公式说明，我们的幸福生活是由效用和欲望共同决定的，效用越大越幸福，欲望越小越幸福。

小果就是在低欲望中过上了自己的幸福生活。

小果出生于一个重男轻女的家庭，她有一个姐姐和两个妹妹，母亲最终也没有实现生男孩的愿望。小果四姐妹在家里都不怎么受重视，但是小果自己很争气，靠自己的努力考上了一所好大学。小果毕业后回到老家工作，在一所师范院校里做办公室行政工作。工作虽然没什么难度，但是小果做得很开心，因为工作的地方离家很近，每天可以走路上下班，她觉得这对她来说已经很幸福了。

小果的几个姐妹中只有她回了老家工作，因为觉得可以就近照顾母亲。小果工作后经同事介绍认识了现在的丈夫。丈夫是一名军人，回家的时间很少，家里的大部分事情都是小果在操持。几个姐妹不明白她为什么要让自己那么辛苦，小果说她喜欢老家，虽然小但是很有人情味。她对家乡无比眷恋，无法适应在别的城市生活，有时候出去旅游几天她都会想家。所以，回到家乡工作对她来说是一件幸福的事。

小果结婚没多久就生了个女儿。她很喜欢小孩，有女儿后她的日子一直都很快乐。丈夫有时候回家会帮小果做家务。他们两个人，一个下厨，一个打下手，有时候闲聊，有时候畅想未来，是大千世界里平凡而又幸福的一对小夫妻。

小果的人生中并没有获得很多财富但她是幸福的，因为她很容易满足。知足常乐让她把平凡的日子过得很幸福。

财富不是决定幸福的唯一因素，即便是衣食无忧的人，如果欲壑难平也很难得到幸福。因为人的欲望是无穷无尽的，无论财富带来的效用有多大，与无限的欲望相比，幸福都约等于零。因此，我们只有学会享受当下，珍惜所拥有的，降低自己不必要的欲望，才是正确的做法。

1.正确地认识物质与幸福的关系

财富可以满足我们很多欲望，但它不是幸福的充分条件。财富会降低生活中的兴奋和高峰体验，让生活中的许多事看起来不再那么有乐趣了。另外，当一个人已经习惯了财富带来的快乐时，再多的财富也无法让他体验到快乐的感觉了，财富对幸福感也就不再有那么大的影响了。

由此看来，只有在财富匮乏的情况下，金钱才会对幸福感有比较大的影响，而一旦超出这个范围，金钱对幸福感的影响就不大了。

2. 专注地享受让你快乐的事情

专注地享受每一件可能带给你快乐的事情，享受当下那些令你愉悦的感觉。因为钱可以再赚，但当下的那份快乐是再也买不到的。

3. 提高对美好事物的感受力

真正的幸福不是物欲上的满足，而是内心一种愉快、平静的状态。而美是人生幸福的源泉之一，只有提高对美好事物的感受力，才能更多地发现美。

每个人在生活中都有很多追求和渴望，而当我们所拥有的越来越多，体会到的幸福感反而会越来越少，因为太多的欲望让原来简单的人生变得复杂。很多时候我们憧憬的事物，要么很难实现，要么就是实现后会产生新的欲望，所以日常便会感觉不幸福或只能体会到短暂的幸福。如果能降低自己的欲望，使内心宁静，精神富足，幸福感就会源源不断地提升。

奥卡姆剃刀法则：给你的生活做“减法”

奥卡姆剃刀法则由14世纪英格兰逻辑学家奥卡姆的威廉提出，这个法则可以通俗地称为“简单有效原理”，即“如无必要，勿增实体”。

奥卡姆剃刀法则常用于两种假说的取舍，即如果对于同一现象有两种不同的假说，我们应该采取比较简单的那一种。奥卡姆剃刀法则的逻辑很符合科学家的想法。对于科学家而言，如果两个原理都能解释观测到的事实，那么简单的那个原理更好。因为越简单的解释往往越准确，而复杂的原理更容易出错。所以在科学家的共同意识里，如果两种理论模型都能解决问题，都能得出相同的结论，那么在获得更多的证据之前，他们就会选择更简单的那个模型。

为什么在科学领域人们更倾向于将复杂变为简单呢？因为复杂不仅容易出错，还容易使人迷失，而简化的东西更有利于人们理解和操作。而且随着社会、经济的发展，时间和精力成为稀缺资源，简化的思维和能力可以帮助人们从众多琐事中分辨出“重要的事”，这样才能真正高效地解决问题。

奥卡姆剃刀法则同样适用于生活中，一个人如果什么都想要，觉得拥有得越多就越幸福，那么只能整天埋头于琐事中，不知道自己真正想要的是什么。而真正会生活的人懂得给生活做减法。舍弃多余的物品和无效的人际关系，才能让我们真正地享受生活。

小清就是一个深谙奥卡姆剃刀法则的人。

小清刚毕业的时候一直租房子住，为了让家里温馨一点，她买了很多小物品摆在家里。小清觉得有些东西即使现在用不到，将来也会用到。抱着这样的想法，小清囤的东西越来越多，导致她每次搬家都非常麻烦。

每次搬到一个新地方，小清都能整理出一大堆没拆封的东西，比如没穿过的衣服，过期的果酱。有些东西没什么实际用处，还占地方。但是小清每次都不舍得扔，觉得这些都是她喜欢的。

后来小清有了自己的房子，也年长了几岁，就改掉了自己囤积的习惯，学会了“断舍离”，不再购买、收集那些不需要的东西，还把家里多余的物品都处理了。也许是因为年长了几岁，不再对物质那么迷恋，她只想有一个宽敞舒适、自由自在的空间，终于摆脱了囤积给她带来的负担和精神压力。

小清改变了囤积的生活方式，也开始给自己的人际关系做减法。她不再参加无意义的聚会，也不再依赖没有精神交流的交际。清理无效的朋友圈后，小清发现自己之前的一些社交，其实不过是在消耗自己，浪费时间。小清也是舍弃了表面上的那些“人脉”后，才发现真正重要的人是谁。

小清理解了奥卡姆剃刀法则的本质，并把这个法则作为一种生活理念，让自己的生活清简下来。

奥卡姆剃刀法则要求我们在处理事情时，把握事情的本质，解决根本的问题。作为一种思维理念，奥卡姆剃刀法则已经在社会各方面得到越来越多的应用。奥卡姆剃刀法则的精髓就是顺应自然，不要把事情人为地复杂化，这样才能把事情处理好。当你用奥卡姆剃刀法则改变自己的思维时，就会发现自己的生活发生了变化。

1.追求简单的快乐

奥卡姆剃刀法则告诉我们简单就是快乐，在很多情况下，不要太纠结，只有保持一种自由的心态，才能过上自己想要的生活。

追求简单的快乐先要认清自己，分辨出什么对自己来说是简单的快乐，然后面临选择的时候选那条简单的路，直到自己能够享受复杂的快乐时再去选难走的那条路。最后，不要被外界定义的快乐干扰，只追求自己选择的快乐。

2.学会给生活做减法

每个人想要的东西都很多，但真正需要的却很少。给生活做减法就是有意识地优化自己的生活品质。比如，减少不必要的东西，减少不必要的人脉，把奢侈的时间留给值得的人和事，都是在给生活做减法。

小测试：你会向往怎样的幸福生活

幸福是一种主观体验，不能强行进行比较。每个人对幸福的定义不同，没有统一的衡量标准，下面的小测试可以测试出你向往怎样的幸福生活。

假如你拥有一片广阔的牧场，并在牧场里养了一群牛羊和一匹马儿。如果你可以多养一种动物，你会选择养下面哪一种动物呢？

A.小鹿　　B.小狗　　C.小猫　　D.羊驼

解析：

选择A

小鹿象征着自由烂漫，说明你向往无拘无束的生活，希望能逃离现在被束缚的生活。如果暂时无法摆脱目前的生活，不妨给自己一个短暂的假期，缓解目前压抑的心情。

选择B

小狗是最常见的家庭宠物，比较有生活气息，说明你已经适应现在的生活，并不想做出太大的改变。

选择C

小猫也是常见的家庭宠物，但是小猫比较自由，喜欢特立独行，说明你的心态比较小资，喜欢有情调的生活。

选择D

羊驼不是常见的宠物，需要比较大的饲养空间，说明你喜欢特别的事物，向往富足的有品位的生活。